钩针编织的四季

拖鞋&凉鞋

一年四季都可以用到的手编鞋

日本株式会社无限知识／编著
周冬冬／译

中国纺织出版社

不试着自己手工制作一下

在家里每天都要使用的拖鞋吗?

春夏秋冬，根据季节选择线，

制作属于自己的拖鞋，

舒适，惬意，方便使用。

选择喜欢的形状、颜色，

为平日的生活增添光彩。

目录 Contents

使用春夏线钩织 拖鞋 & 凉鞋

01 & 02	Natural	天然麻拖鞋	4
03 & 04	Fruits	菠萝&草莓拖鞋	6
05 & 06	Tricolore	十字凉鞋	9
07	Running pattern	箭头图案的花纹布拖鞋	10
08	Flat	平底凉鞋	11
09 & 10	Resort	度假凉鞋	12
11	Sabo	木屐凉鞋	15
12 & 13	Mother & Kid	妈妈减肥拖鞋&儿童拖鞋	16
14	Babouche	摩洛哥拖鞋	19
15	Thong	人字拖凉鞋	20
16	Eco	环保布条钩织拖鞋	21

使用秋冬线钩织 拖鞋 & 长筒袜

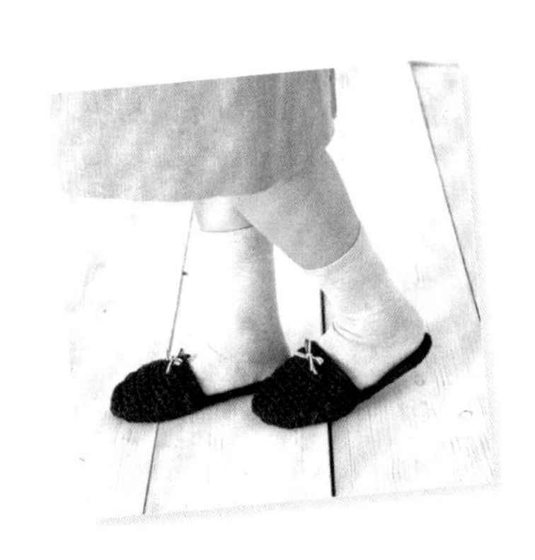

17	Petit flower	小花拖鞋	23
18 & 19	Sheep	松软绵羊拖鞋	25
20	Folklore	民俗风拖鞋	26
21 & 22	Grape & Cupcake	葡萄&纸杯蛋糕花样拖鞋	28
23 & 24	Warm	阿伦花样带后跟 拖鞋&镂空长筒袜	30
25		罗纹花样长筒袜	31
		出差时使用的拖鞋	32
26 & 27	Bird & Ribbon	鹦鹉 & 丝带花样便携拖鞋	33

鞋底的制作方法 …… 34

作品的制作方法 …… 41

钩针钩织的基础知识 …… 83

使用春夏线钩织

拖鞋 & 凉鞋

01 & 02 Natural
天然麻拖鞋

在平日使用的麻线钩织的天然风格拖鞋
将白色三叶草作为亮点装饰上去。

长24cm　设计＆制作　佐藤千绪

How to make 42页

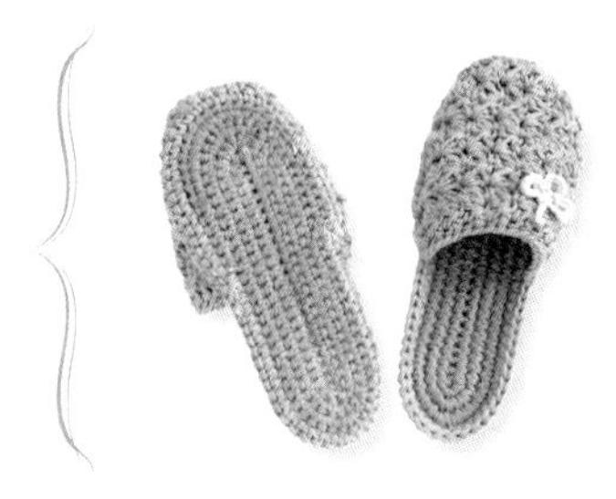

用保持形状用的芯材钩织成的鞋底，
特别结实。
可以将足底切实地保护好。

使用线材　麻线

03 & 04 Fruits
菠萝&草莓拖鞋

如果用来装饰夏天的双脚，水果主题怎么样?
使用有立体感的织物表现形状。
为客人准备这样的拖鞋他们应该会很开心。

长24cm

设计&制作 藤田智子

How to make
44、46页

使用麻线钩织的拖鞋，
两层鞋底里面夹上了毛毡底，
即使光脚穿，
触感也很柔很轻。

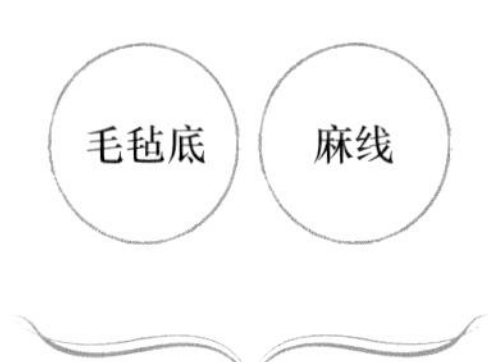

Strawberry

沿着脚边，使用短针钩织成的带子交叉以后缝到鞋底上面。

毛毡底

棉线

05 & 06 Tricolore
十字凉鞋

把灰白色作为基础色，
鲜明的三种颜色作为夏天的基调装饰在上面。
柔软触感的棉线针织物，
让人穿起来心情非常愉悦。

长23.5cm

设计&制作　marshell（甲斐直子）

How to make　48页

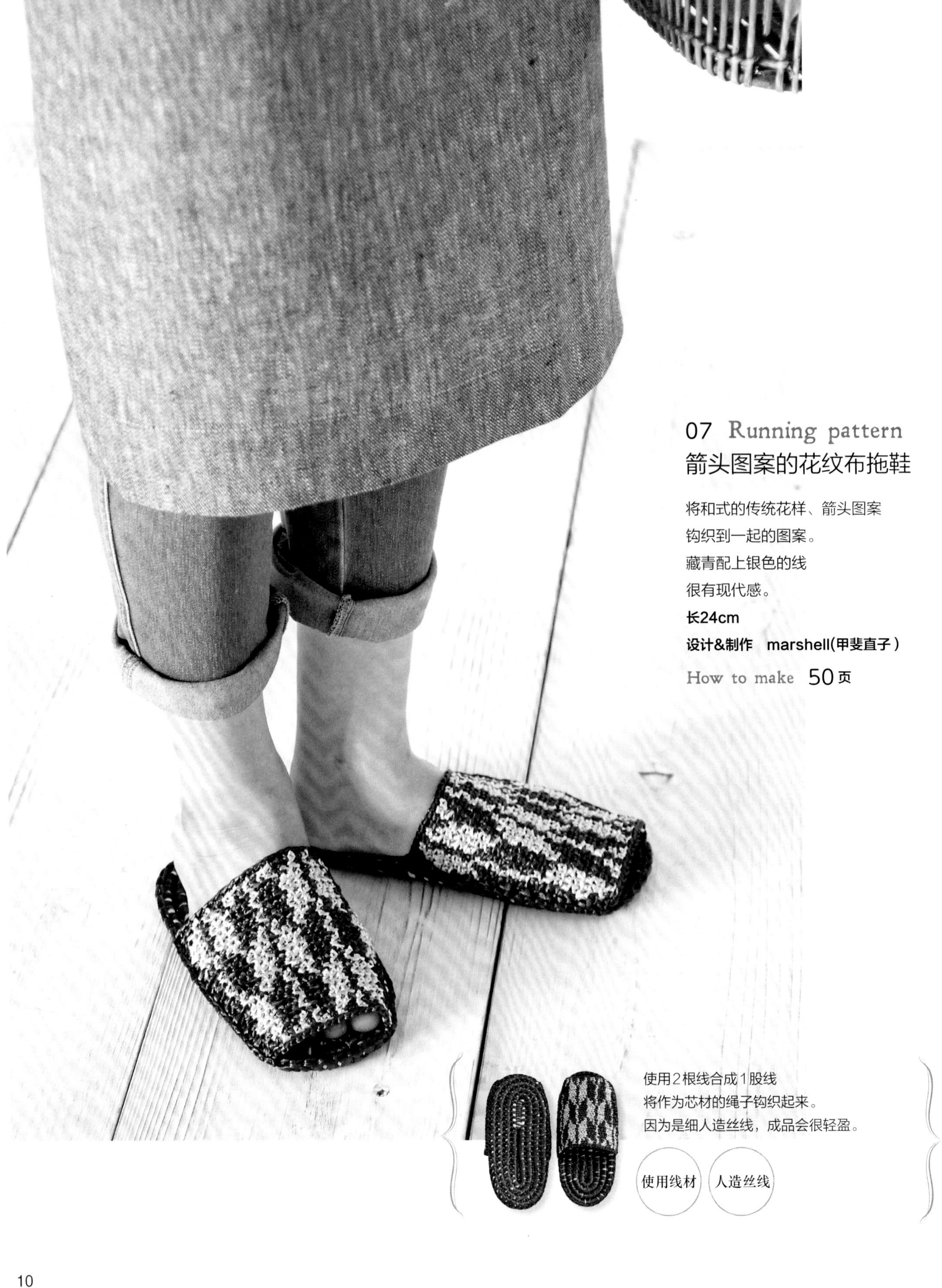

07 Running pattern
箭头图案的花纹布拖鞋

将和式的传统花样、箭头图案
钩织到一起的图案。
藏青配上银色的线
很有现代感。

长24cm

设计&制作　marshell(甲斐直子)

How to make　50页

使用2根线合成1股线
将作为芯材的绳子钩织起来。
因为是细人造丝线，成品会很轻盈。

使用线材　人造丝线

08 Flat
平底凉鞋

周围的包边能够把脚的侧面完全地覆盖上。
鞋背使用宽幅的织带钩织好，
只需要简单地拼合在上面就完成了。

长25cm　设计&制作　武智美惠（the halations）

How to make 52页

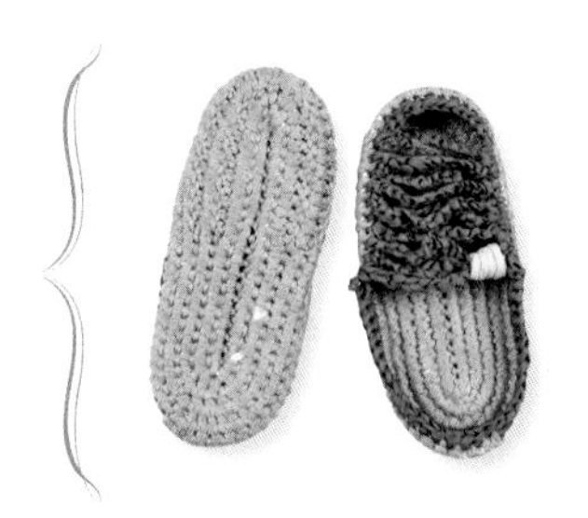

由于把绳索的芯钩织进去了，
所以包边的形状很牢固。

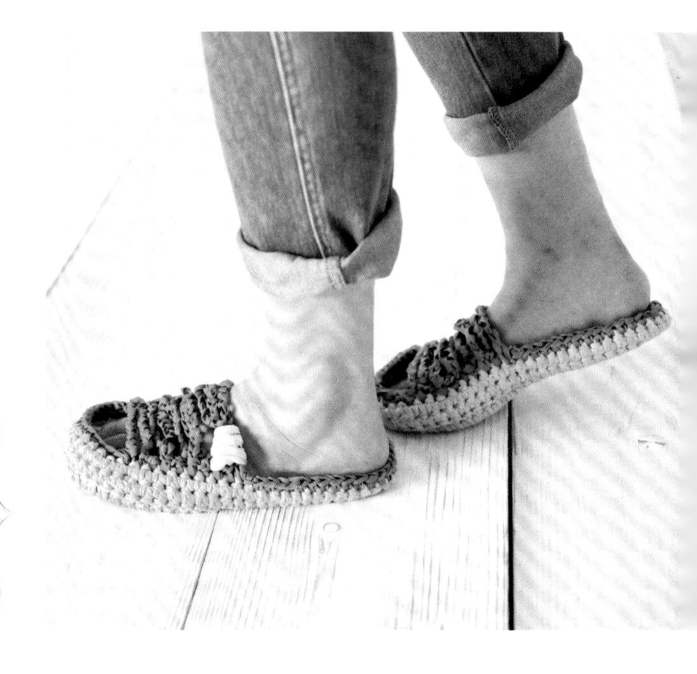

09 & 10 Resort
度假凉鞋

商店里面出售的麻绳鞋底
在凉鞋鞋底上面缝上织物，
不管是居家还是外出
都可以穿的凉鞋就制作好了。
大十字交叉的针织物中央镂空的花样，
增添了几分奢华的印象。

长23.5cm　设计＆制作　能势真由美

温柔触感的棉线让肌肤感觉很舒服。
因为颜色不同给人印象也不一样，是想要多准备几双的款式。

How to make 54页

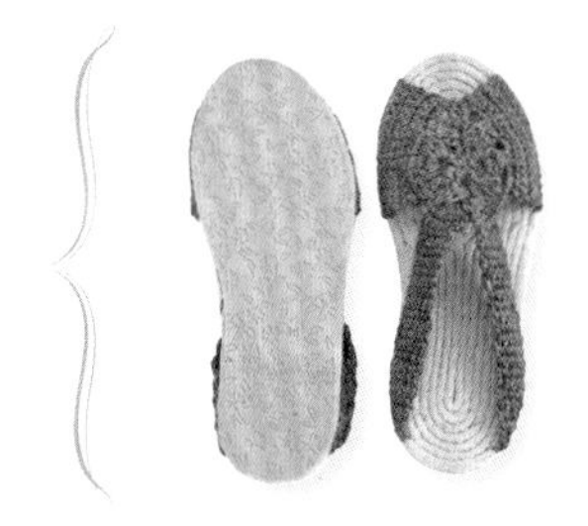

法国制的麻绳鞋底的反面，
使用了可以外出穿的橡胶底。
*麻绳鞋底网上有售。
详细信息请参照第34页。

麻绳鞋底

棉线

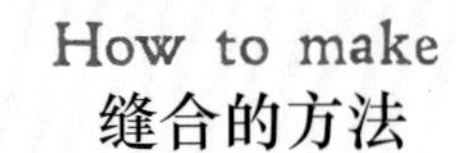

缝合的方法

将针织物暂时用珠针固定到鞋底上面。

将2根线合成一股线穿过棒针，使用锁边绣缝上。

Point

将开始和结束时的线，穿到织物反面的线里面进行收针处理。

锁边缝

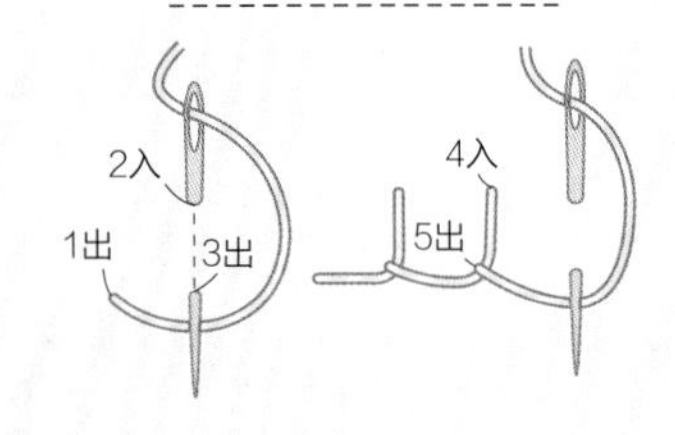

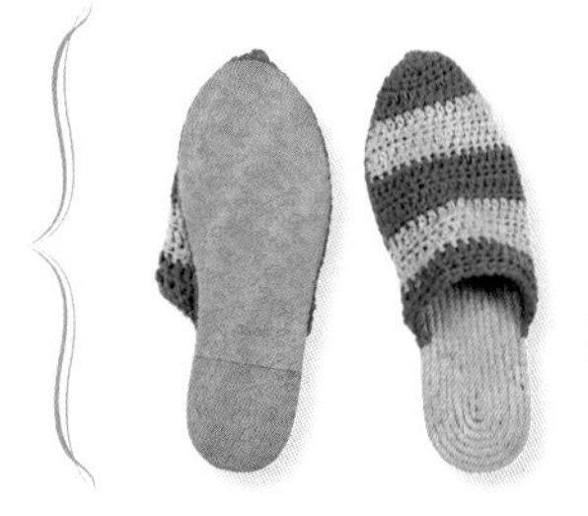

和第12页一样将织物缝到麻绳鞋底上面。
因为前半部分是完全包住脚面的，要根据脚的运动牢固贴合。

麻绳鞋底　棉线

11 Sabo
木屐凉鞋

使用棉线，
用中长针钩织成条纹的花样。
使用大胆的粗条纹是时尚的重点。

长23.5cm　设计&制作　能势真由美

How to make　55页

12 & 13 Mother & Kid
妈妈减肥拖鞋&儿童拖鞋

试试这样的亲子拖鞋怎么样。
妈妈的鞋是很有人气的减肥拖鞋，
孩子的则是花样主题的拖鞋。

妈妈减肥拖鞋　长16cm　儿童拖鞋　长18cm

设计&制作　marshell（甲斐直子）

How to make 56、58页

有厚度的鞋后跟，鞋底是将芯材卷起来制作成的，
柔软得恰到好处。

再生棉

市场上卖的小孩用的鞋底，
反面都贴了防滑的
人造皮革。

人造皮革鞋底

棉线

有弹性的钩织布料可以按摩脚掌。对于消减脚的浮肿有作用。

14 Babouche
摩洛哥拖鞋

偏圆的形状、容易穿脱的特性，
试试亲手钩织一下十分有人气的摩洛哥拖鞋吧。
使用麻线钩织，一边保持着张力，
一边体现出自然的质感。

长24.5cm　设计＆制作　小岛山因子

How to make　60页

点缀上使用银色金属线钩织的小垫布花样，
为鞋子增添光彩。

鞋底是将作为芯材的麻绳
包裹钩织完成的。
把后脚跟的织物重叠到鞋子里缝上，
是摩洛哥鞋子样式的设计。

使用线材　麻线（南非槿麻）＆金属线

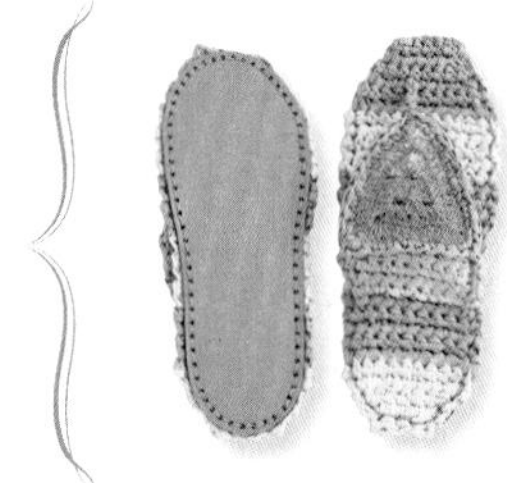

柔软的织带钩织的鞋底反面缝上了人造皮革底，
有强化和防滑的作用，也能够保持鞋底的完整度。

人造皮革底　塑料绳 & 织带

15 Thong
人字拖凉鞋

凉爽开放的设计，
是非常适合夏天的人字拖凉鞋。
鞋背的设计是决胜的关键，
点缀上了塑料绳钩织的三角花样。

长24cm　设计＆制作　能势真由美

How to make 62页

16 Eco
环保布条钩织拖鞋

把斜纹粗棉布和花布撕成条状以后然后钩织到一起的布条钩织拖鞋。不仅能够将布料再利用，而且完成以后结实牢固的织物特别有魅力。

长24cm　设计＆制作　佐藤千绪

How to make 64页

How to make 环保布条钩织拖鞋

因为是将布料撕成条状以后钩织，推荐您使用剩下的布料和旧衣服再利用。

鞋底　布料

材料

花纹布和斜纹粗棉布两种。将撕成条状的布料，接到需要的长度以后，像图中一样卷起来放在一边，比较方便使用。

Check

为了使布料钩织起来颜色不是那么扎眼，将两种布料接到一起也可以。

H430-058

芯材

Hamanaka

塑料丝（L）

像金属丝一样也可以弯折使用，聚乙烯制的芯材。

把布料撕成条状

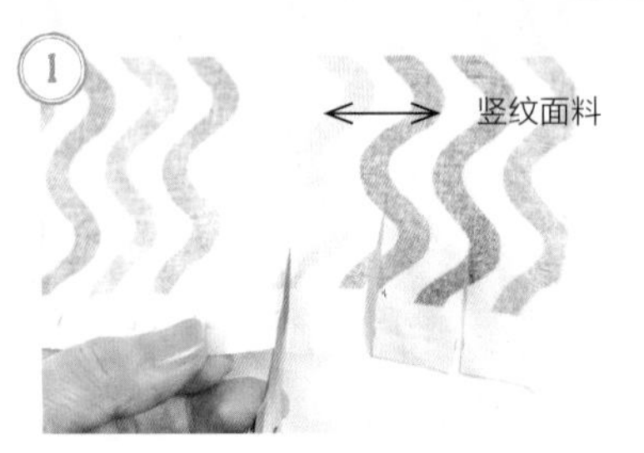

① 将布料每隔2cm做上标记，用剪刀剪开大约5cm的样子。

为了使布料撕起来容易些，在横向的位置做上标记。

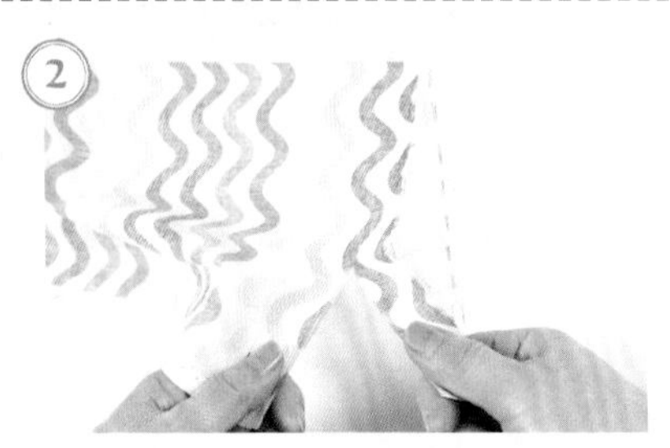

② 从剪开的地方用手一口气撕到另一边。

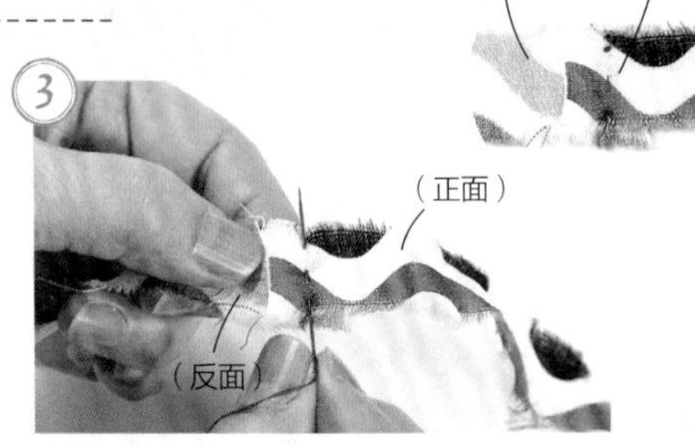

③ 撕成条状的布料重叠1.5cm放在一起，使用平针接到必要的长度。开始缝和缝完以后打结。

像图中一样，反面和正面接到一起，布料的外观的变化就会显现出来。

包上芯材，钩织鞋底

④ 使用撕成条状布料，钩织16针锁针。

⑤ 钩织一针锁立针，芯材露出1.5cm后加到里面，挑半针钩织1针。

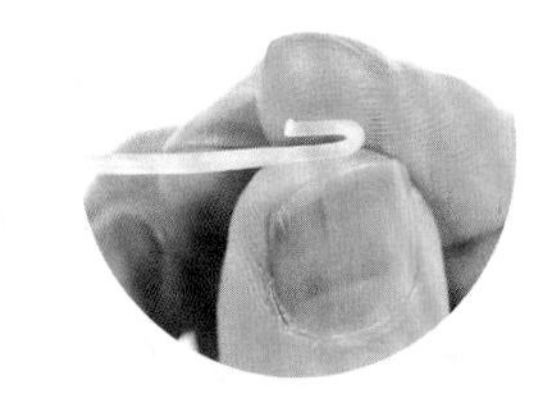

将芯材的一端弯曲大约0.5cm。

⑥ 第1行第1针（短针）钩织的地方。将芯材钩织进去。

⑦ 继续，一边包着芯材钩织，像如图钩到最后。

隐藏芯材的方法

将芯材的一端，中途用手指塞进织物的里面隐藏起来。钩织完成以后将剪掉的一端弯曲，隐藏到织物里面。

拖鞋 & 长筒袜

17 Petit flower
小花拖鞋

缝着各种颜色的小花的拖鞋，
将冬天的房间装点得更加明亮。
如果用剩余的线钩织花朵，
那么就缝成花束的样子吧。

长25cm　设计&制作　武智美惠
（the halations）

How to make 66页

使用有分量的
腈纶线钩织包裹上
包装用的线，
紧紧地缝好。
装上带子，
即使动起来
也不容易脱落。

使用线材　腈纶线

18 & 19 Sheep

松软绵羊拖鞋

钩入绵羊图案的拖鞋不仅可爱，还能给足底带来温暖。用毛皮毛线利用边缘编织钩织出暖和的感觉。

长25cm　设计&制作　marshell（甲斐直子）

How to make 68页

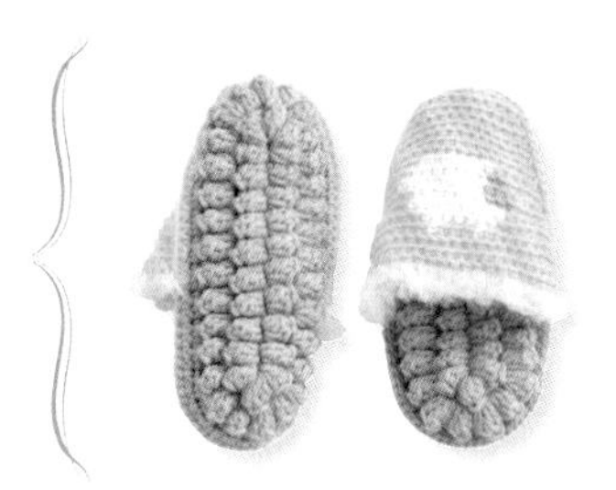

将利用锥形钩织成的织物，2片重叠到一起
形成分量十足的厚鞋底。这是一款缓冲效果极佳的松软拖鞋。

20 Folklore

民俗风拖鞋

花朵一样的花样连接成排的织物做成的可爱的民俗风拖鞋。
红色和黑色组成的东欧民俗风格，让心情悠然自得。

长24cm　设计&制作　佐藤千绪

How to make 70页

使用棉线钩织的
2层鞋底里面夹上毛毡底。
为了使织物
不会随意移动，
将毛毡底缝上是要点。

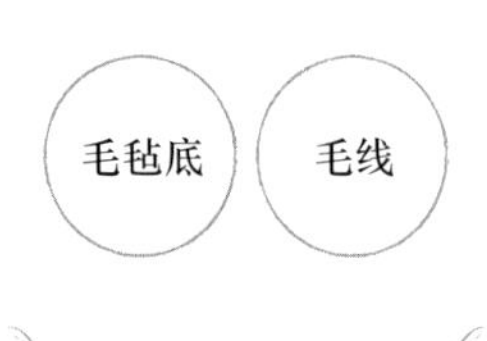

21 & 22 Grape & Cupcake
葡萄&纸杯蛋糕花样拖鞋

葡萄果实、纸杯蛋糕的奶油……各种细节都栩栩如生地表现出来的个性拖鞋用来装点房间非常合适。
秋天是葡萄、冬天是可爱的纸杯蛋糕，不同季节交替着穿着，试着将拖鞋也换换花样。

葡萄花样拖鞋　长24cm
纸杯蛋糕花样拖鞋　长24cm
设计＆制作　藤田智子

How to make　72、74页

23 & 24 Warm

阿伦花样带后跟拖鞋&镂空长筒袜

将足底全部覆盖住，手工制作的暖和的带后跟拖鞋和镂空长筒袜，

不管走到哪里都暖融融的。长筒袜是镂空的花样，采用了双色设计。

阿伦花样带后跟拖鞋　长25cm　镂空长筒袜　长29cm　设计＆制作　能势真由美

How to make 76、78页

阿伦花样风格看起来
就非常的暖和。
为了穿脱方便，脚后跟
和侧面的边缘都设计得很低。

毛毡底　毛线

25
罗纹花样长筒袜

使用时尚的丝线钩织成的长筒袜。
使用外钩短针钩织成罗纹花样的设计。

长22cm　设计&制作　能势真由美

How to make 79页

出差时使用的拖鞋

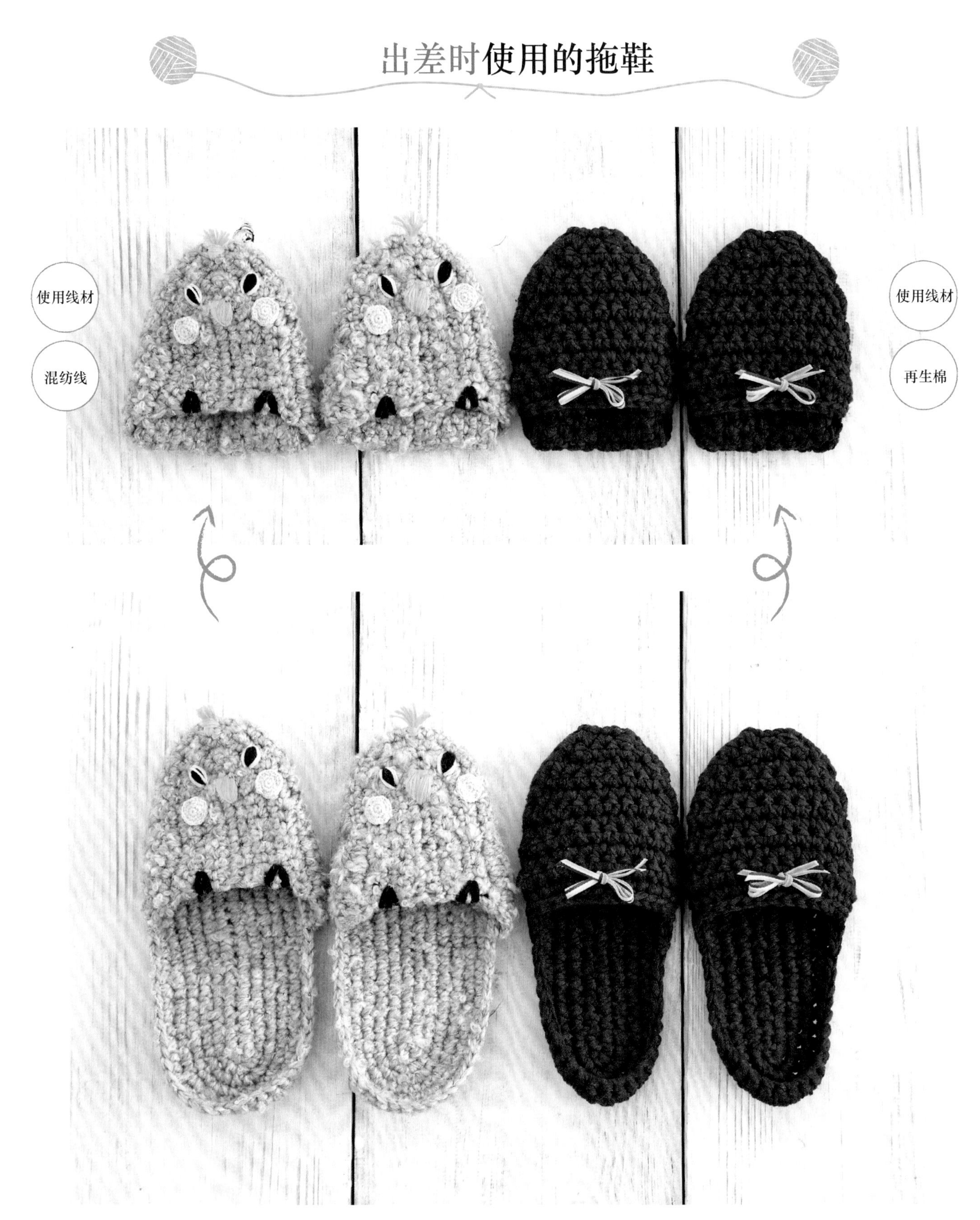

How to make 65(丝带)、80(鹦鹉)页

26 & 27 Bird & Ribbon
鹦鹉&丝带花样便携拖鞋

足底可以对折，可以随身携带的拖鞋，
是多么方便的一件物品。
外出的时候可以偷偷放在手提袋中。

鹦鹉便携拖鞋　长26cm（折叠起来的状态14cm）
设计&制作　小岛山因子
丝带便携拖鞋　长24cm（折叠起来的状态13cm）
设计&制作　佐藤千绪

利用剩下的线制作
成一个鞋袋。

穿着的时候只需把
折叠的鞋底打开即可，
是不会加重行李负担
的宝贝。

鞋底的制作方法

拖鞋和凉鞋，鞋底的制作是关键。
下面来讲解一下使用市面上的材料制作鞋底的主要方法。

Type A

使用（塑料丝）芯材

为了将保持形状用的芯材包裹起来，需要缝得结实些。

P4

制作方法
>> P22

P4　P21　P26

Type B

使用（绳子、麻绳）芯材

将绳子钩织包裹起来，因为有的绳子太粗，根据线不同，有的时候可能会藏不住。

P10

制作方法
>> P35

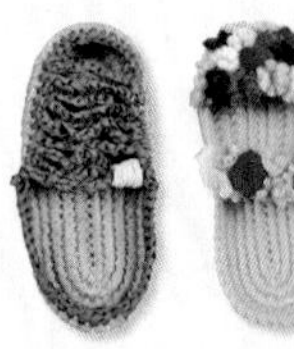

P11　P23　P32

Type C

插入毛毡底

在两片织物里面插入毛毡底。为了从正反面都看不见毛毡底，要缝制得整齐漂亮些。

P6

制作方法
>> P36

P7　P28　P29

Type D

缝上毛毡底/人造皮革

将鞋底正面钩织上织物，注意不要弄错人造皮革鞋底的正反面。

P16

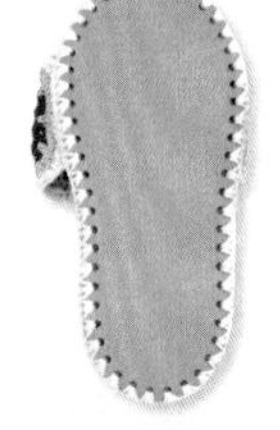

制作方法
>> P37

P8　P8

Type E

制作两片鞋底

将制作的两片有分量的织物重叠到一起。倾向使用秋冬系列的线制作。

P24

制作方法
>> P38

P24

Type F

缝上麻绳鞋底

鞋底上只缝鞋背的织物，不用缝到鞋底。

P12

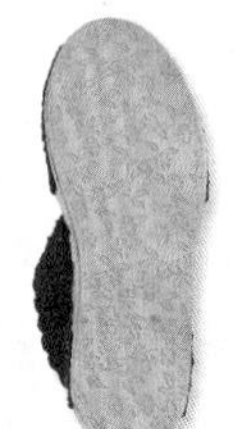

制作方法
>> P14

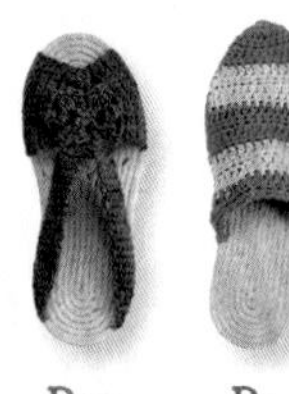

P12　P14

a Hamanaka人字拖鞋用的绳子（8mm）

绳子很粗，可以将鞋底缝制得很结实。

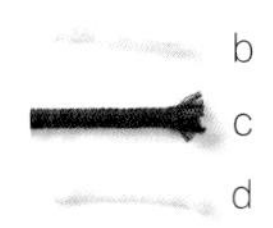

b 包装用的绳子（5mm）
c&d 丙烯麻绳。

b的优点是很容易制作，c&d有茶色（c、7mm）和白色（d、4mm）。

Type B 使用（绳子、麻绳）芯材

①

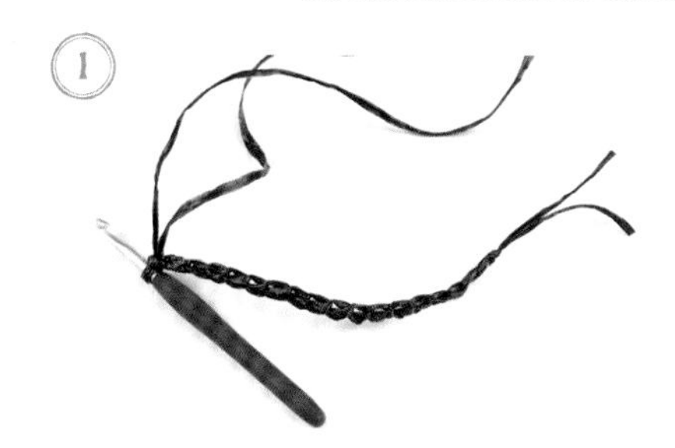

起针钩织18针锁针，线一端留出大约15cm。

为了使绳子钩织起来没有缝隙，取两根绳子一起钩织。

②

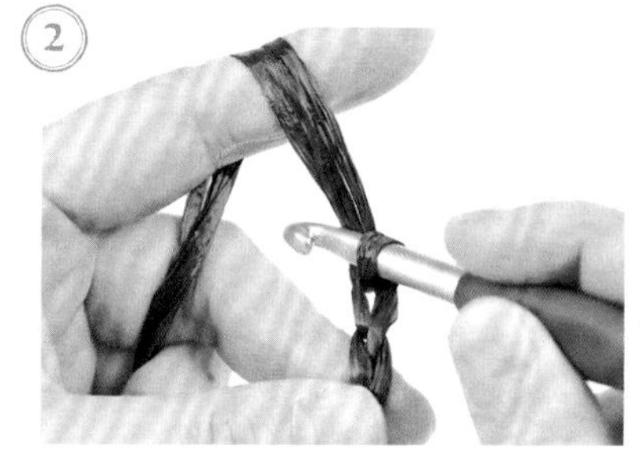

钩织第1行，钩织1针锁立针。

③

在起针的半针挑针，加上绳子用短针钩织1针。（使用图中的a线）

线的一端事先留出大约5cm。

④

接着继续一边将绳子钩织卷入，一直钩到起针的一头为止。

起针的另外一侧，把剩下的半针挑起钩织。

⑤

第2行将第1行的2针锁针挑起钩织。

⑥

第4行完成后的样子。

藏线头……缝入锁针

⑦

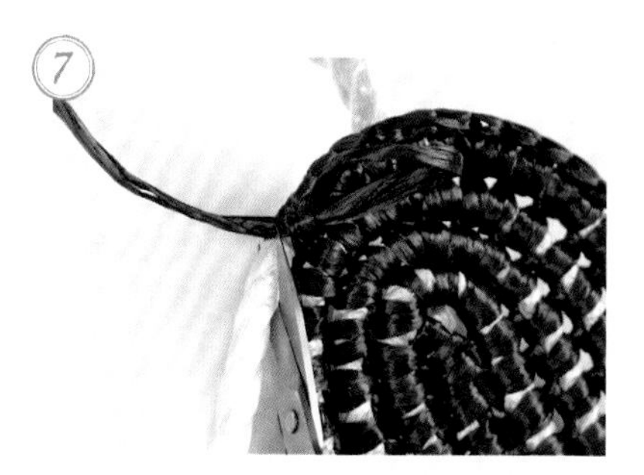

将绳子在边缘处剪掉， 线仍然留出大约15cm然后剪断。

⑧

钩织完成的线，缝入锁针进行处理。使用缝针穿过钩织完成的线一端，下一针将锁针的2根线挑起（左）。接着，将最后一针的锁针对侧半针挑起穿入（右）。

9

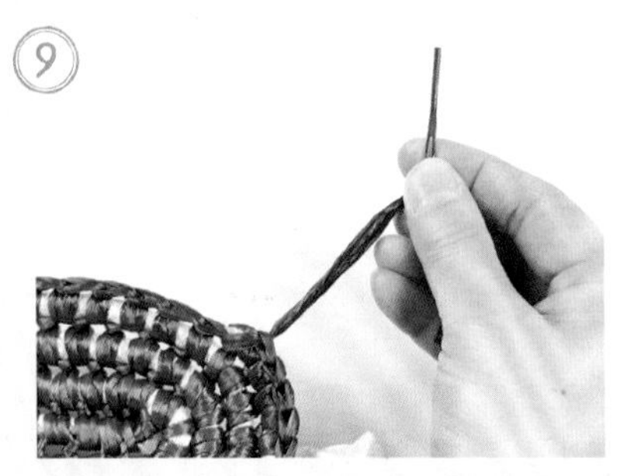

引线的地方。将钩织完成的线漂亮地连接上。

10

接着，将针穿过织物反面的线圈里面。

11

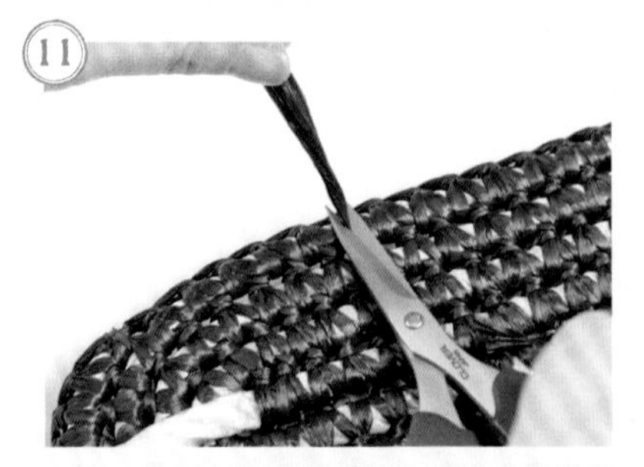

同样，将针反复穿过几回，剪掉多余的线。

处理作为芯材的绳子

12

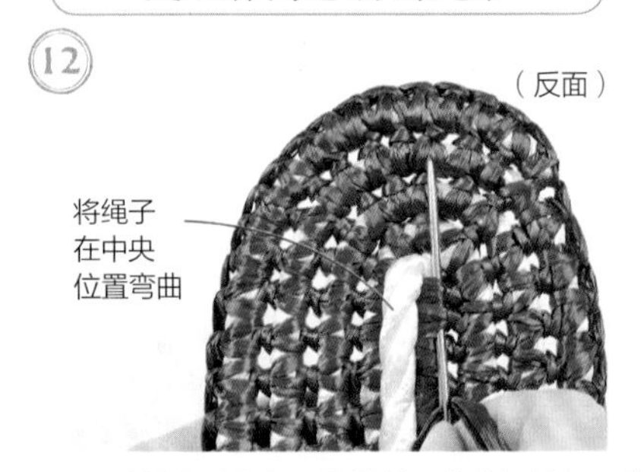

使用缝针穿过钩织开始的线，将弯折的绳子缝上。像图中一样，用线将绳子左右两边的针织物交互着挑针，形成梯子状，缝到边缘处固定。

13

将多余的线在边缘处剪掉，完成。

H204-594

Hamanaka 毛毡底（23cm）

有缝合用的小孔，适用于室内。做鞋子非常便利。

Type C 插入毛毡底

1

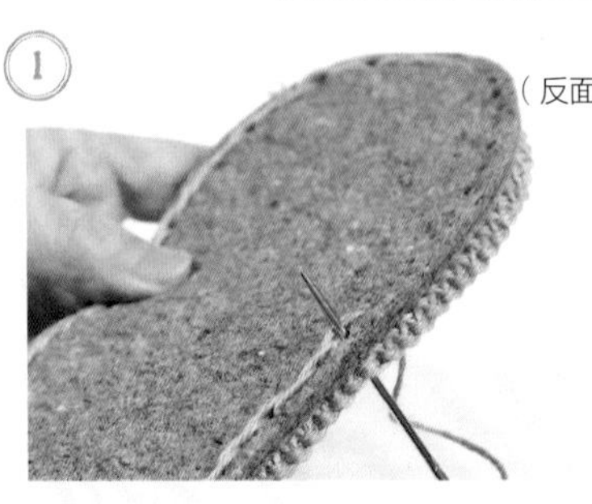

将鞋底的反面一侧（※接触地板的地方）的织物上，将一片毛毡正面朝上重合到一起，沿着缝合用的小孔，使用回针缝固定。

为了使织物四周能够形成漂亮的针脚，毛毡底的四周使用回针缝。使用剩下的稍长一些的钩织完成的线（大约120cm）。如图所示，为了理解起来容易一些使用了别色的线。

2

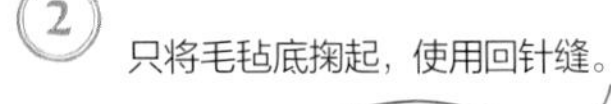

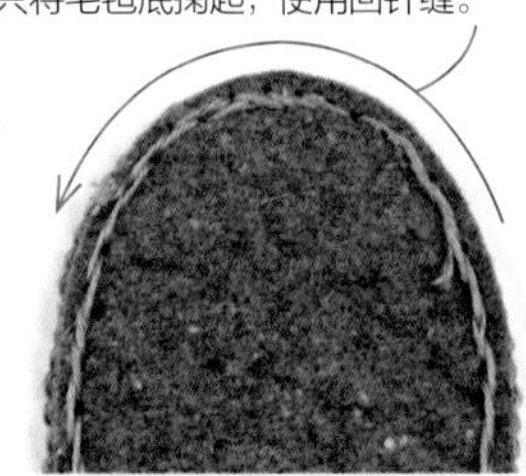

缝完一周以后，不要断线，从开始的地方，大约重叠回针缝5~6cm，剪断线。

③

像夹上毛毡底一样，将一片织物的正面（※与脚接触侧）朝上，重叠到上面上，将顶端的2根锁针进行挑针，卷针缝一周，完成。

使用剩下的正面钩织用完的线（大约120cm）。图中为了理解起来容易一些使用了别色的线。

完成・防滑

由于毛毡底上覆上了针织物， 为了防滑，使用市场上卖的防滑剂涂在反面。

新防滑剂/KAWAGUCHI

H204-630　H204-632

（裏）

左/Hamanaka 毛毡底（长23cm）

右/Hamanaka 人造皮革底（长17.5cm）

同是带孔样式。人造皮革底防滑用的是皮革反面一侧（冲向外面）。

Type D 缝上毛毡底 / 人造皮革底

①

将鞋底（照片中的人造皮革底）的正面（内面）与织物的正面重叠。

②

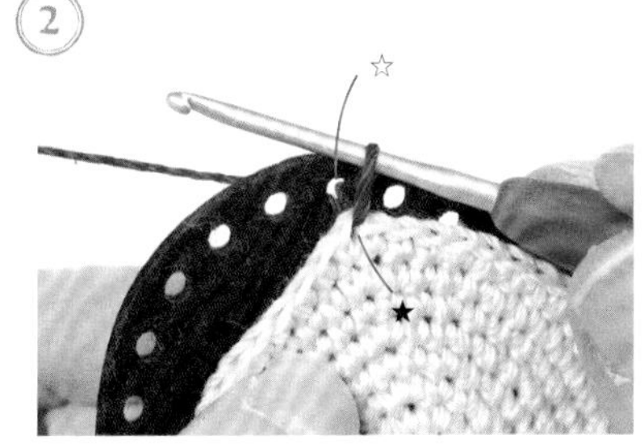

将针插入到跟前的针眼和小孔里面，拉出线（左），然后绕上线再拔出（右）。

往跟前的针眼里面绕上线。※图中为了理解起来容易一些使用了别色线。

③

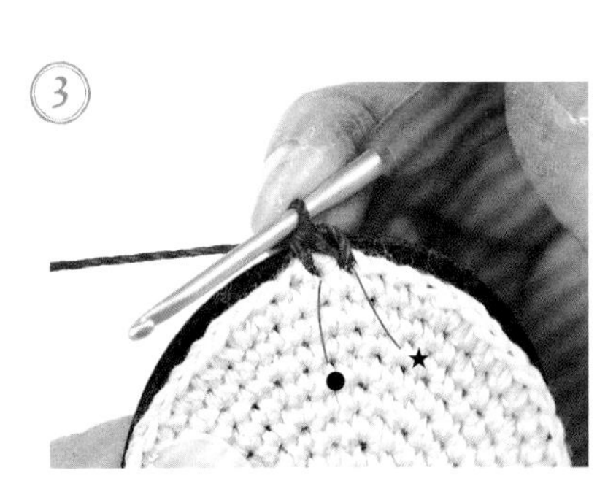

绕上线以后，把针插入步骤 2 的旁边的安装位置的眼（●）和孔（○）里面，钩1针短针。

④

（正面）

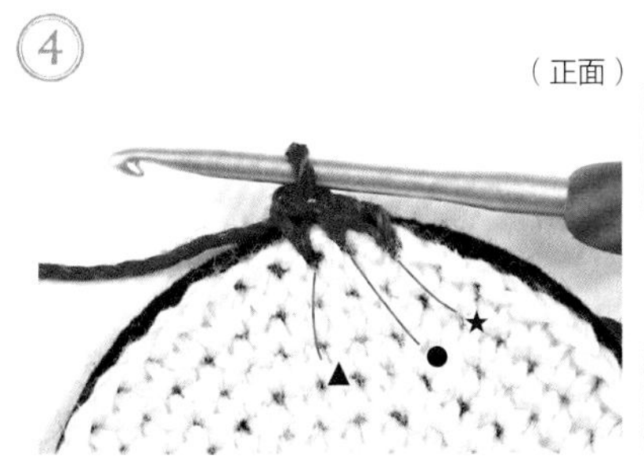

（反面）

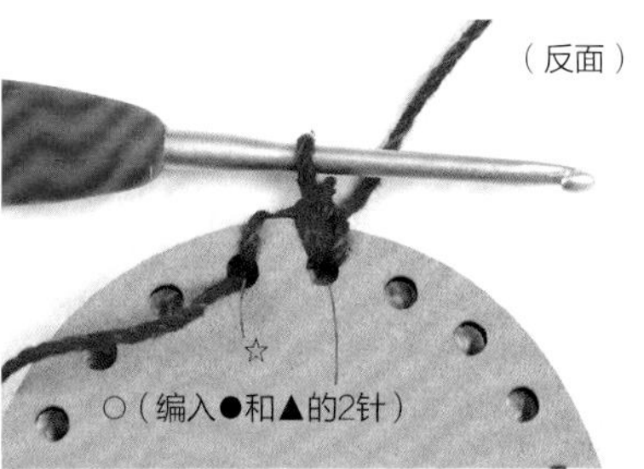

接着，将针插入织物的下一个眼（▲）和步骤3中同样的孔（○），钩1针短针。

由于织物的针眼数比较多，所以要对应着人造皮革鞋底的孔，每个孔每次钩织2针。

⑤

最后一针编入☆的孔内，留出大约15cm的线，然后剪掉。（缝入锁针）（35页），藏好线头。

⑥

将钩织完成的线，藏到边缘处的针眼内。

⑦

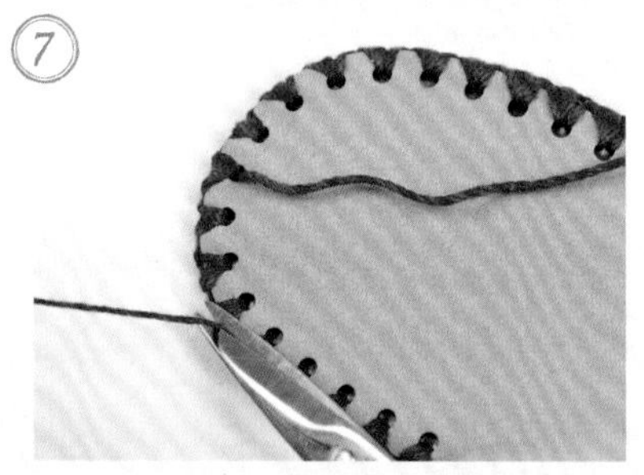

剪掉多余的线。同样藏好开始钩织的线头，就完成了。

Type E 制作2片鞋底

①

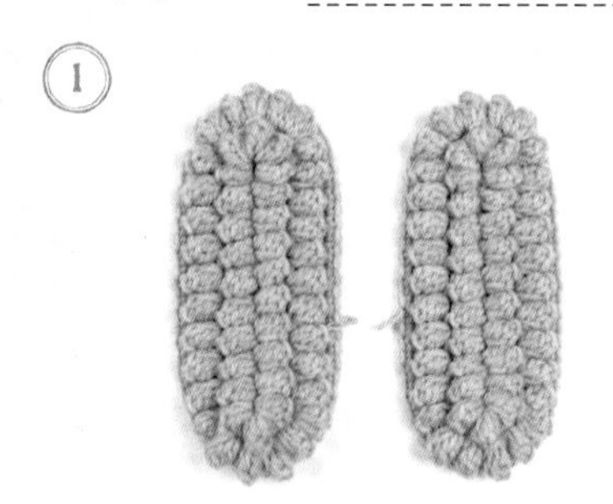

准备2片织物的鞋底。

②

将针分别插入到跟前的眼里面（★※鞋背边缘处起针的针眼），绕上线以后抽出来。
将2片鞋底表面冲外和鞋背重叠，一边钩织着鞋背，和鞋底钩织到一起。

③

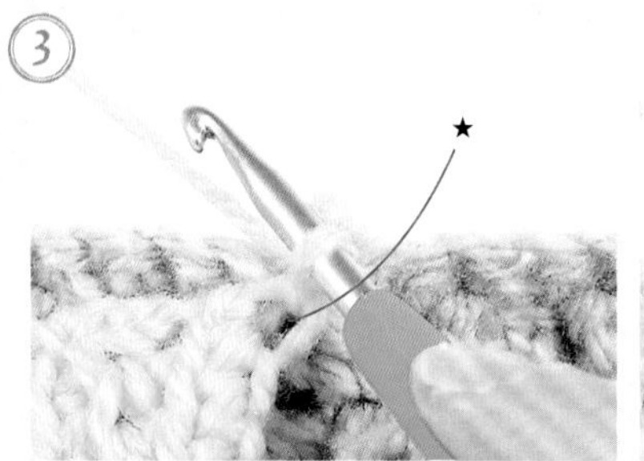

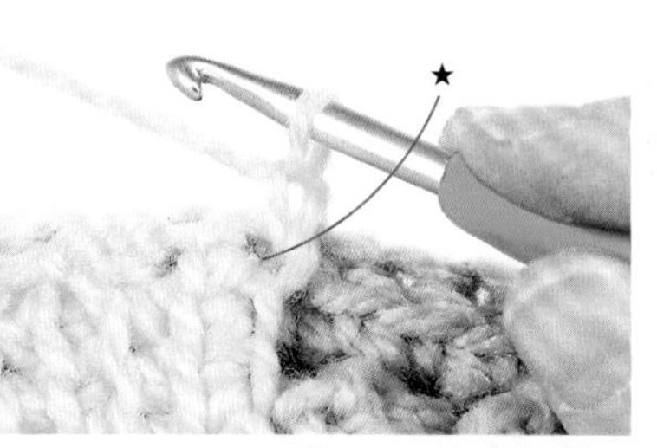

再次绕上线，拔出。线就穿上了。

④

将针插入步骤3旁边的缝制位置眼（●）里面，钩织1针短针。

5

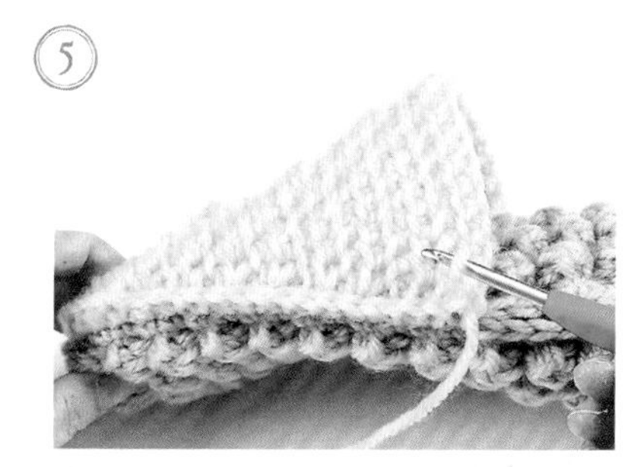

使用同样的针法，将三片的针眼一起挑针，一直钩织到鞋背的对面一侧的缝制位置。

6

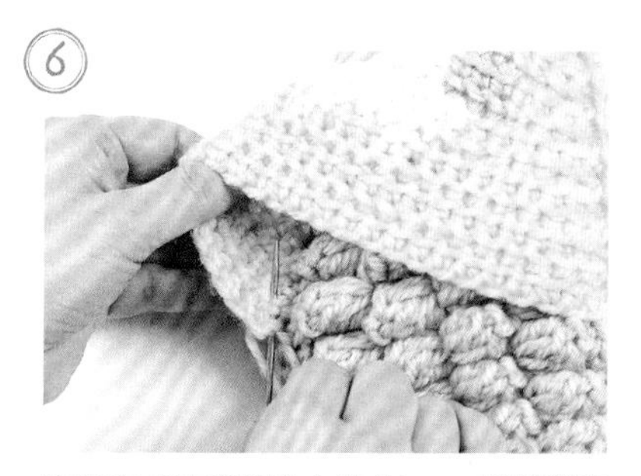

钩织完成的线留出大约15cm，然后剪断，穿上缝针，使用同样颜色的线在鞋背针织物的里侧缝上几次，剪掉多余的线，开始钩织的线也使用同样的方法。

7

将鞋底的脚后跟一侧钩织缝到一起，将针插入到眼前的缝制位置（▲），绕上线。

8

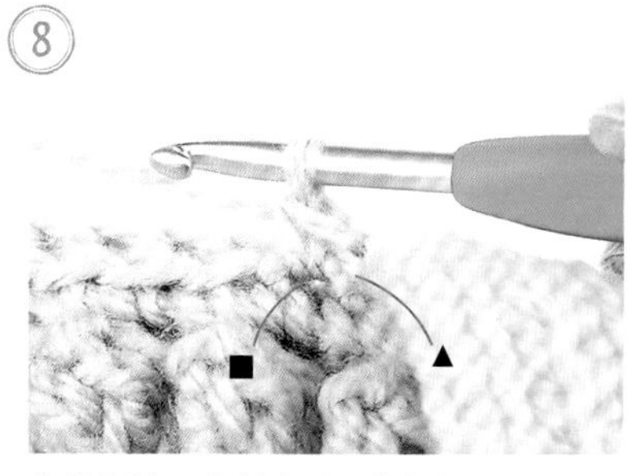

将缝制位置的针脚（■）挑起，钩织1针短针。

9

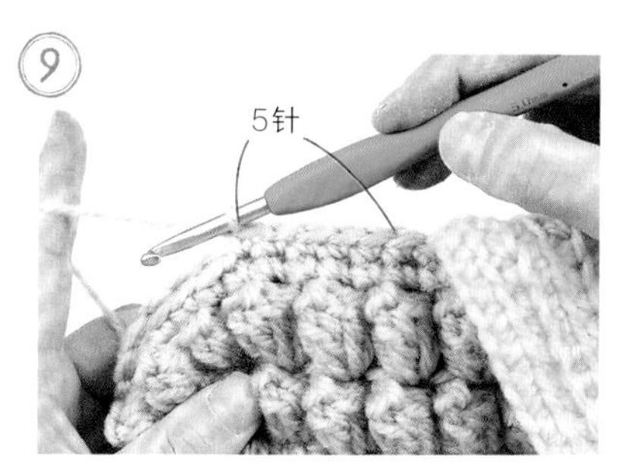

接着，钩织5针短针，一直钩织到弯曲处。

10

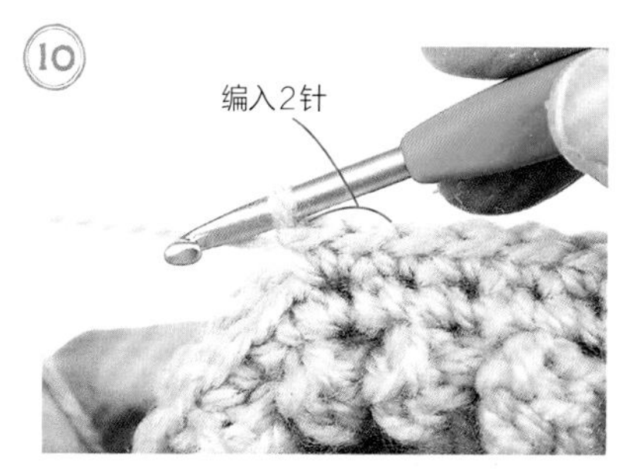

从第7针开始的弯曲处，将织物卷曲着，每次钩入2针。

11

转弯的针眼处，每次钩入2针的地方。

12

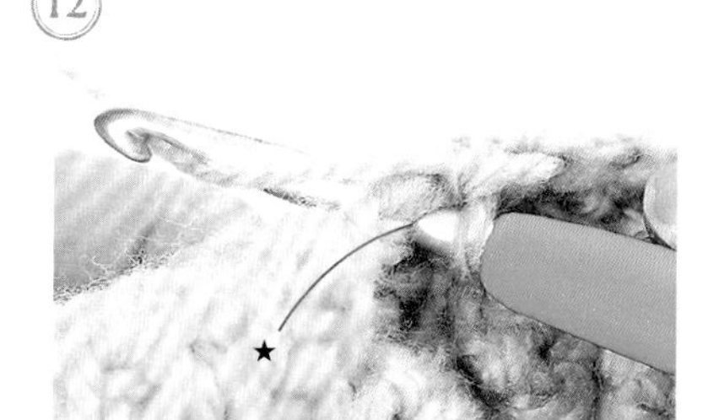

钩织完成的时候，钩织到和步骤2同样的针眼（★）处，留出大约15cm的线。

13

将缝针上穿上线，如图所示，将鞋背处揭起，在不显眼的地方缝几针，然后剪掉线，开始钩织的线也做同样处理，完成。

作品中使用到的线

※ 照片与实物等大

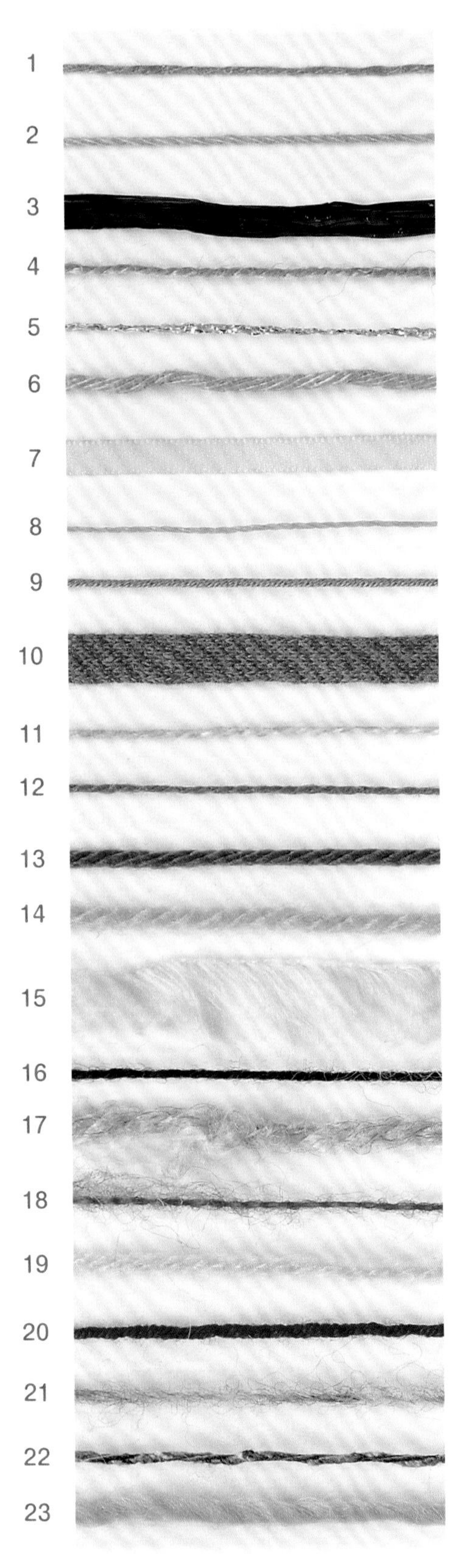

1 HAMANAKA亚麻线《亚麻布》
轻柔且有光泽性的亚麻线。麻100%，一团25g（大约42m），一共17色。

2 HAMANAKA细线
柔软的线。棉100%，一团25g（大约90m），一共20色。

3 HAMANAKA环保纤维粗线
具有光泽的干爽的带状线。人造丝100%，一团40g（大约80m），一共55色。

4 SKI手工编织洋麻线
是麻的一种，洋麻线。天然风格。洋麻100%，一团25g（大约46m），一共9色。

5 Ski Elise
非常适合用来装饰的金属色线。聚酯纤维83%尼龙17%，一团25g（大约147m),一共6色

6 daruma彩虹色棉纱
弱捻纱柔软触感的线。棉100%，一团25g（大约26m），一共23色。

7 daruma material tape
缎做的带子。细微的颜色变化是他的魅力所在。聚酯纤维100%，一团45g（大约30m），一共9色。

8 daruma material cord
即使浸湿了也没关系的塑料材质的个性素材。聚乙烯100%，一团40g（大约117m），一共11色。

9 dmc natura（纱线）
柔软结实且高品质的长纤维棉线。棉100%，一团50g（大约155m），一共60色。

10 dmc ribbonxl（缎带xl）
再生材料制作的轻柔的带状线。材质是再生棉，一团250g（大约120m）一共23色。

11 saredo 斑点棉
独具风味的特殊浸染日产再生棉线。棉100%，一团200g（大约780m）一共24色。

12 saredo 再生棉100
长毛的棉花制作的再生日产棉线。棉100%，一团200g（大约780m）一共24色。

13 HAMANAKA exceed wool《中粗线》
温暖的手感，展开以后颜色丰富是这种羊毛线的魅力。羊毛100%，一团40g（大约80m）一共44色。

14 HAMANAKA 蓬蓬的
特别禁得住洗涤，柔软而且有分量的极粗腈纶线。腈纶100%，一团50g（大约60m），一共50色。

15 Ski Score
豪华质感的人造皮革线。腈纶34%，羊驼毛33%，尼龙24%，羊毛9%，一团30g（大约54m）一共6色。

16 Rich More elk
因为是羊毛和尼龙的混纺，所以即使遇到强力的摩擦也仍然结实可靠。羊毛50%，尼龙50%，一团40g（大约160m）一共22色。

17 Ski Primo TAIL
超粗的花式纱线。腈纶68%，羊毛26%，聚酯纤维4%，羊驼毛2%，一团40g（大约34m）一共9色。

18 daruma dulcian中细马海毛
显色优良的起毛线。腈纶100%，一团25g（大约130g）一共22色。

19 daruma dulcian中粗
与羊毛相比摩擦性更强色彩更鲜艳的色调协调的腈纶线。腈纶线100%，一团45g（大约85m）一共29色

20 DMC woolly（羊毛制品）
澳大利亚产的美利奴的羊毛线。有着细腻且温暖的触感。美利奴羊毛100%，一团50g（大约125m）一共36色。

21 puppy alpaca fada
在尼龙的细人造丝线上面附上羊驼原料，看着既轻便又柔软。尼龙44%，羊驼毛34%，羊毛22%，一团25g（大约110m），一共9色。

22 puppy seta tweed毛花呢
100%丝的多彩粗花呢。适合各个季节使用。丝100%，一团40g（大约104m），一共6色。

23 puppy maurice
有着适当的弹力和滑滑的触感的异国情调的极粗线。羊毛100%，一团50g（大约65m）一共6色。

How to make

作品的制作方法

- 图中数字单位均为cm（厘米）。
- 作品用线参考P40。
- 鞋底的制作方法参见P34~39。
- 基础针法和符号图解参见P83~87。

P4 ········ 01 & 02 天然麻拖鞋

材料

01（1色）

Hamanaka亚麻线（亚麻布）

驼色（17）100g

灰白色（1）25g

芯材：Hamanaka塑料丝 H430-058（L）1个

02（2色）

Hamanaka亚麻线（亚麻布）

驼色（17）100g

浅灰蓝色（5）100g

灰白色（1）25g

芯材：Hamanaka塑料丝 H430-058（L）1个

工具

钩针5/0号、7/0号、8/0号、毛衣缝针

针数

短针钩织　14针×12.5行/10cm²

完成以后的尺寸

24cm

制作方法

※01、02相同

※将塑料丝钩织包裹住的方法请参照22页。

①钩织鞋底，起24针锁针，将针插入半针，将塑料丝钩织包裹起来，将第一行一直钩织到边上，另外一边用剩下的半针拾针钩织。

②按照钩织图，两边加针钩织到第3行，一行结束的时候引拔钩织，剪掉线（将塑料丝留出大约1~1.5cm后再剪断）

③第4、5行分别绕上线，将塑料丝钩织包裹起来的同时，按照钩织图，一行结束的时候引拔钩织将线剪掉，将塑料丝也剪掉。

④将鞋底的线收拾一下。为了将塑料丝不会暴露在外面，不会妨碍到脚底，将其钩织到针织物中。

⑤钩织鞋背，起19针锁针，将针插入半针，钩织第一行。

⑥按照钩织图钩织第2~10行，剪掉线，收拾线。

⑦进行缘编织。绕上3根线合成一股的同样颜色的线，钩织鞋背的19针起针后挑针，引拔钩织一行。

⑧接着，将鞋底和鞋背重叠到一起，使用棒针卷边缝。

⑨钩织装饰三叶草，缝到鞋背上面。

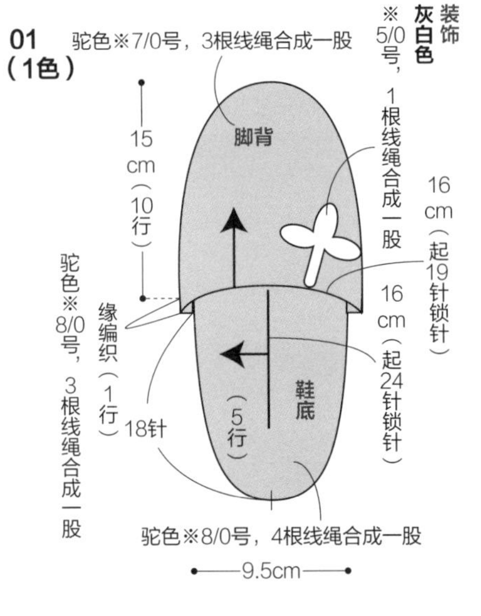

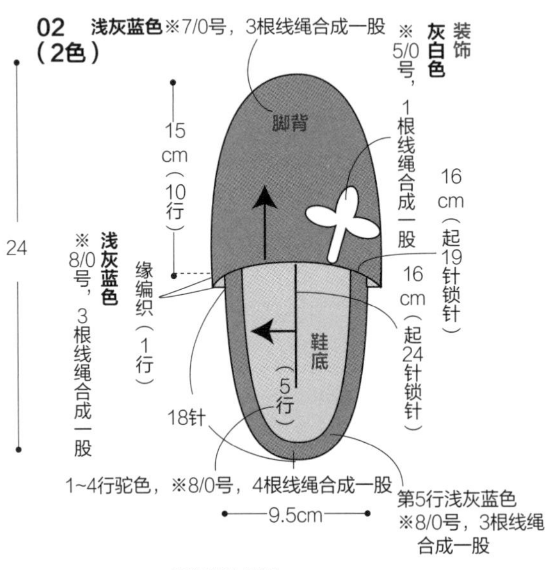

鞋底的行数

起针	24针
第1行	50针
第2行	58针（+8）
第3行	66针（+8）
第4行	32针
第5行	70针

鞋底（左右各一个）

※8/0号，4根线绳合成一股　※01、02相同

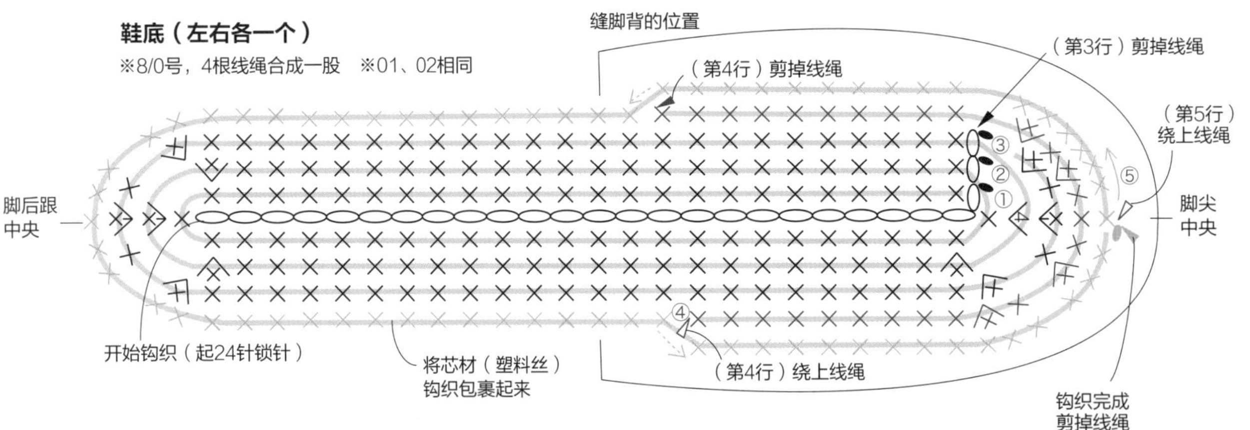

脚背（左右各1个）

※7/0号，3根线绳合成一股
※01、02相同

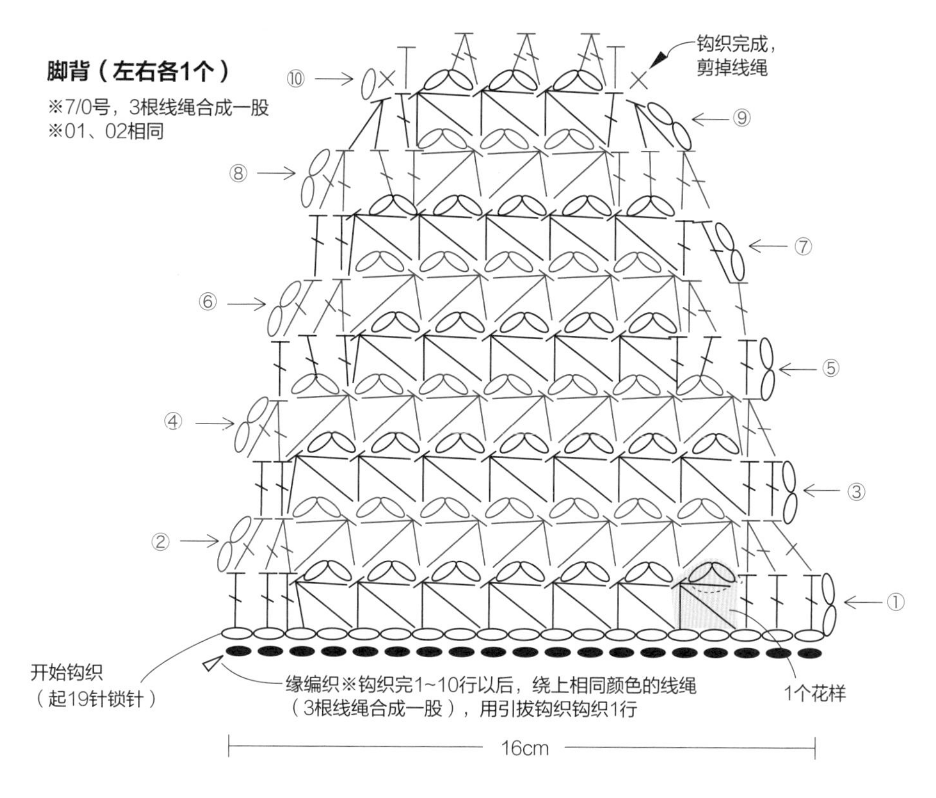

缝制方法

1

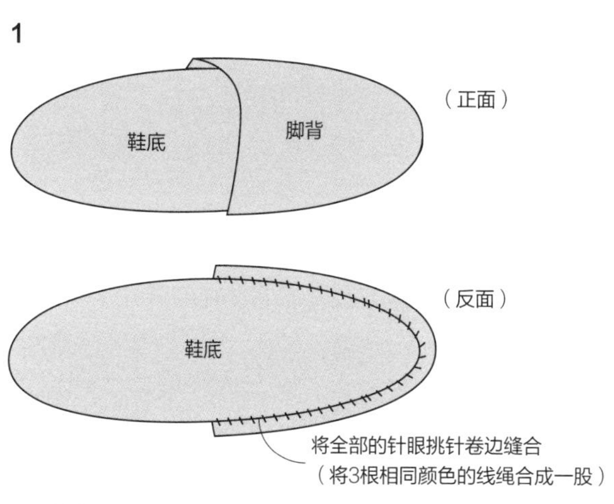

将脚背和鞋底重叠到一起，使用缝针将脚背的针眼和鞋底第5行挑针卷边缝合。

三叶草装饰（左右各1个）

※5/0号，一根线绳合成一股　※01、02相同

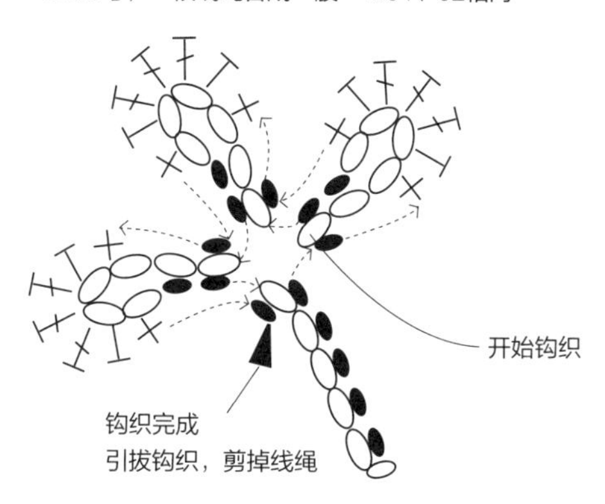

①钩织6针锁针，2针引拔钩织
※重复2回（叶子）
②钩织6针锁针以后，返回去，
引拔钩织5针（茎）
③将开始钩织的锁针进行引拔钩织，
钩织3针短针，1针中长针钩织，
1针长针钩织，1针中长针钩织，
1针短针钩织 ※重复2次
④引拔钩织，剪掉线绳

2

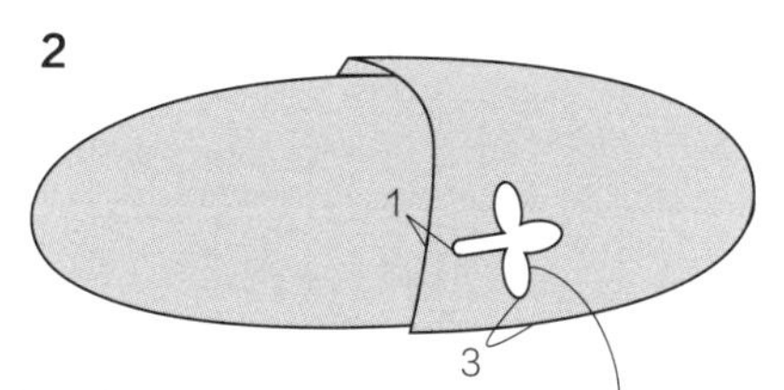

使用同样颜色的线绳在里侧插针，将三叶草的装饰物缝到脚背上。

P6 ·········03 菠萝拖鞋

材料
Hamanaka　亚麻线（亚麻布）
驼色（18）80g
黄色（4）54g
绿色（9）6g
Hamanaka　毛毡鞋底 H204-594（23cm）1套

工具
钩针5/0号、毛衣缝针

针数
花样钩织　20针×14行/10cm²

完成以后的尺寸
24cm

制作方法
※夹入毛毡鞋底的详细做法（Type C），请参照36页。
①钩织鞋底。使用锁针钩织起针，将针插入第1针的半针，将第1行一直钩织到边上，将对面一侧剩下的半针挑针。
②按照钩织图，第2~5行两边加针钩织，钩织完成以后引拔钩织，剪掉线。
③将鞋底反面一侧和毛毡鞋底重叠到一起，使用回针缝上，在鞋底正面夹上毛毡鞋底，将周边卷边缝，剪掉线，收拾残线，鞋底制作完成。
④钩织鞋背，起36针锁针，将针从背面插入，钩织第1行。
⑤按照钩织图钩织2~17行，剪掉线。
⑥钩织叶子，将线缝到鞋背的上半部分，钩织一行，剪掉线，藏好线头。
⑦将鞋底的反面一侧朝上和鞋背重叠，卷边缝。
⑧将反面一侧的织物上穿上线，藏好线头，完成。

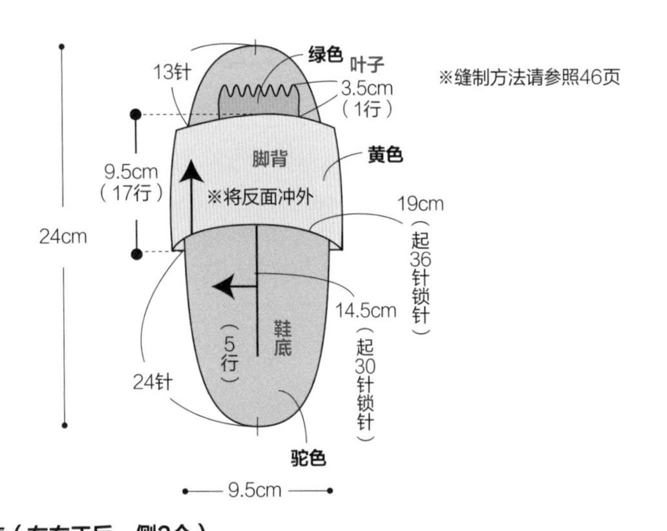

鞋底的行数

起针	30针
第1行	66针
第2行	78针（+12）
第3行	90针（+12）
第4行	104针（+14）
第5行	108针（+4）

鞋底（左右正反一侧2个）
※04草莓（制作方法46页）相同

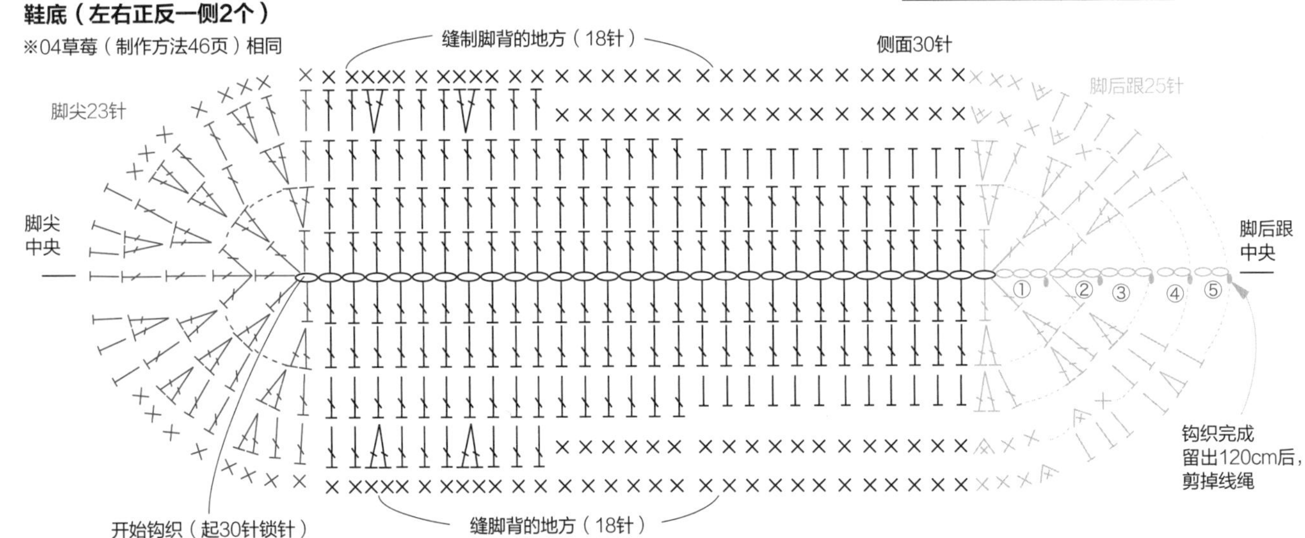

脚背（左右各1个）

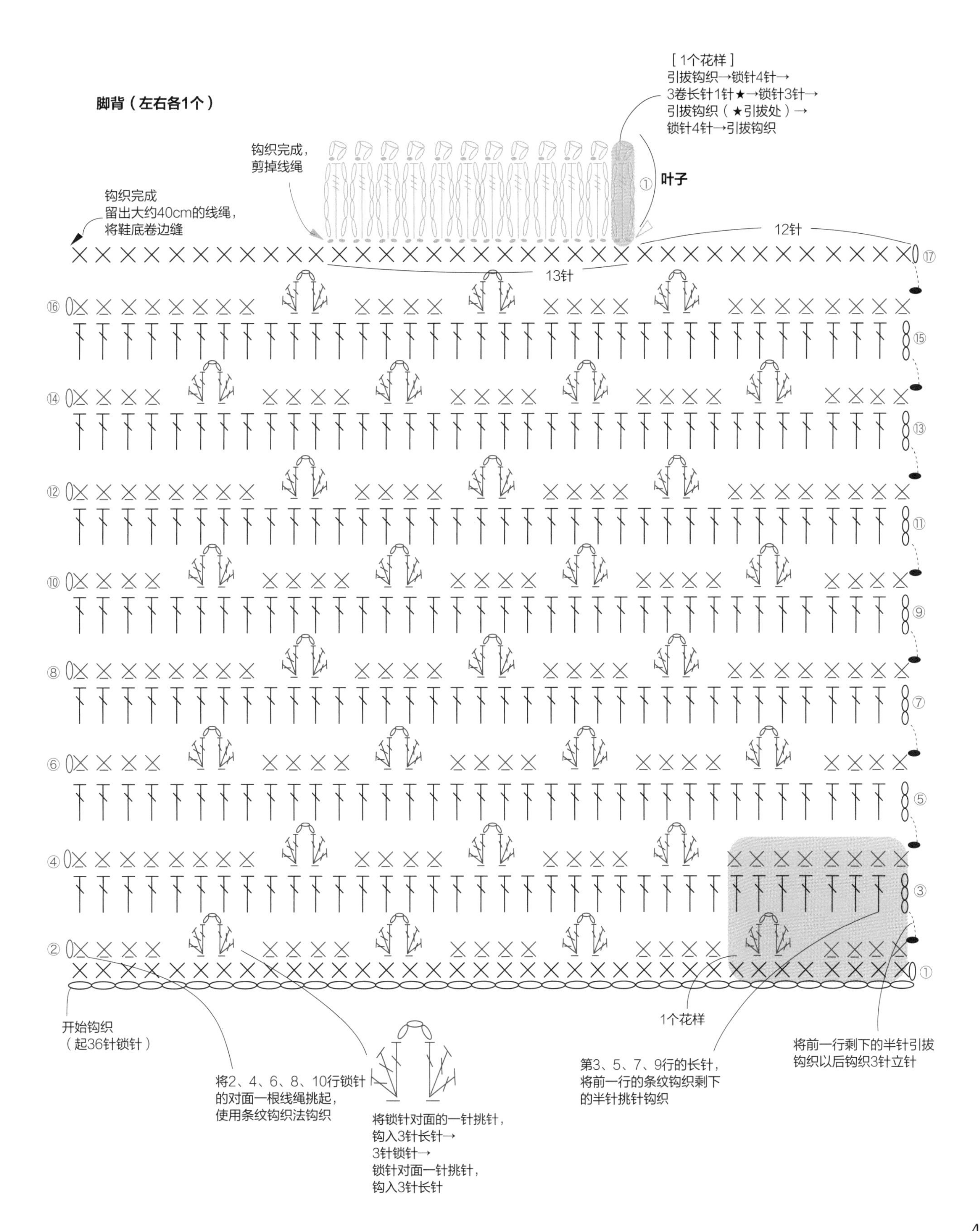

［1个花样］
引拔钩织→锁针4针→
3卷长针1针★→锁针3针→
引拔钩织（★引拔处）→
锁针4针→引拔钩织
钩织完成，
剪掉线绳
①
叶子
钩织完成
留出大约40cm的线绳，
将鞋底卷边缝
12针
13针
⑰
⑯
⑮
⑭
⑬
⑫
⑪
⑩
⑨
⑧
⑦
⑥
⑤
④
③
②
①
开始钩织
（起36针锁针）
1个花样
将前一行剩下的半针引拔
钩织以后钩织3针立针
第3、5、7、9行的长针，
将前一行的条纹钩织剩下
的半针挑针钩织
将2、4、6、8、10行锁针
的对面一根线绳挑起，
使用条纹钩织法钩织
将锁针对面的一针挑针，
钩入3针长针→
3针锁针→
锁针对面一针挑针，
钩入3针长针

P7 ……… 04 草莓拖鞋

材料

Hamanaka　亚麻线（亚麻布）

红色（7）80g

粉红色（14）34g

绿色（9）30g

Hamanaka　毛毡鞋底 H204-594（23cm）1套

工具

钩针5/0号、毛衣缝针

针数

花样钩织　14针 × 17行/10cm²

完成以后的尺寸

24cm

制作方法

※夹上毛毡鞋底的详细做法（Type C）请参照第36页。

①钩织鞋底。起30针锁针，将针插入半针，将第一行一直钩织到边上。另外一侧将剩下的半针进行挑针。

②按照钩织图中，两边加针钩织第2~5行，钩织完成以后引拔针钩织，剪掉线。

③把鞋底背面和毛毡底重叠到一起，使用回针缝上。准备鞋底正面，夹上毛毡鞋底，将周围卷边缝合，剪掉线。藏线头，鞋底制作完成。

④钩织鞋背。起21针锁针，将针插入第1针半针后面，钩织第一行。

⑤按照钩织图钩织2~16行，剪断线。

⑥进行缘编织。将鞋背翻回反面，将起头针一侧绕上线，钩织1~2行，剪断线，藏线头。

⑦将鞋底的反面一侧冲向外面和鞋背重叠到一起，卷边缝合。藏线头后完成。

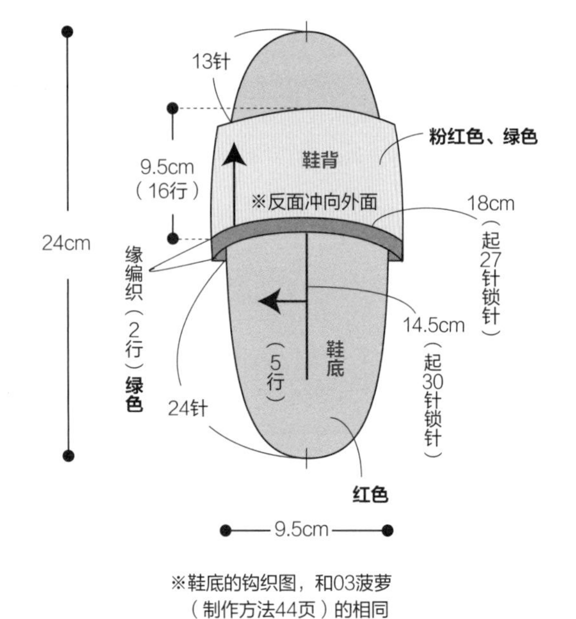

※鞋底的钩织图，和03菠萝（制作方法44页）的相同

※和03菠萝（制作方法44页）的做法相同

缝制方法

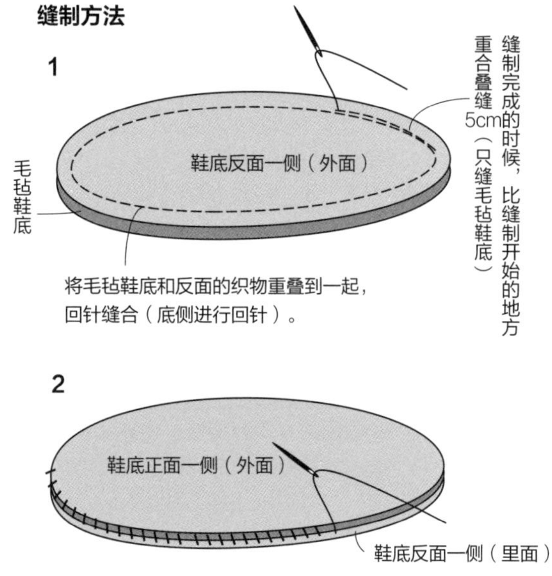

鞋底正面的织物重叠到一起夹上，
使用同样颜色的线绳将周围卷边缝合（全部针眼）。

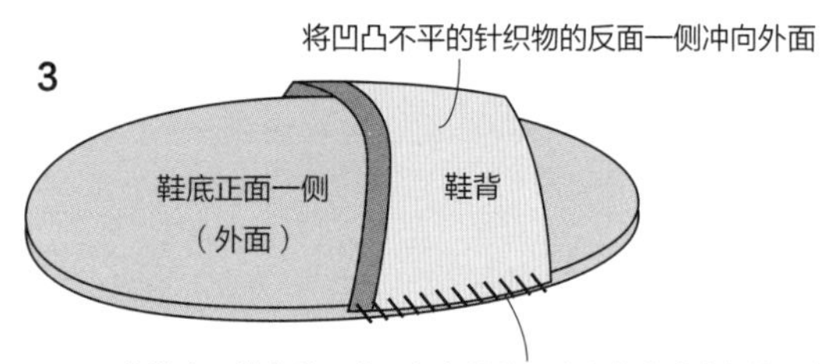

将鞋底和鞋背使用共同颜色的线绳卷边缝合（全部针眼）。

鞋背（左右各1片）

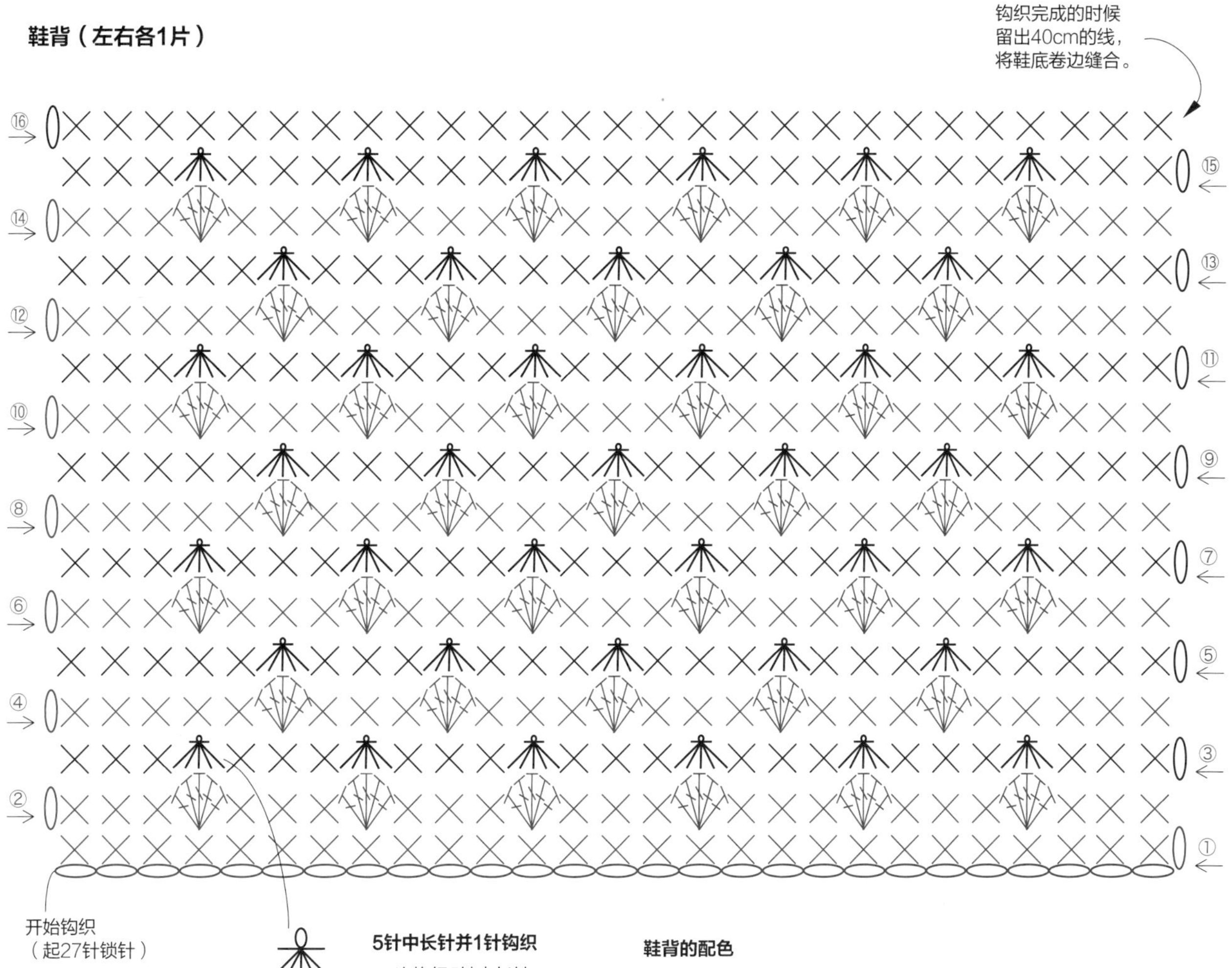

钩织完成的时候
留出40cm的线，
将鞋底卷边缝合。

开始钩织
（起27针锁针）

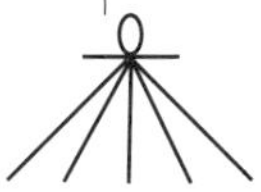

5针中长针并1针钩织

一次钩织5针中长针
→ 钩织1针锁针

鞋背的配色

起针	粉红色
第1～2行	粉红色
第3行	绿色
第4行	粉红色
第5～14行	绿色（奇数行）/ 粉红色（偶数行）进行重复
第15～16行	绿色
缘编织	绿色

鞋背的缘编织 ※在鞋背的起针一侧进行钩织

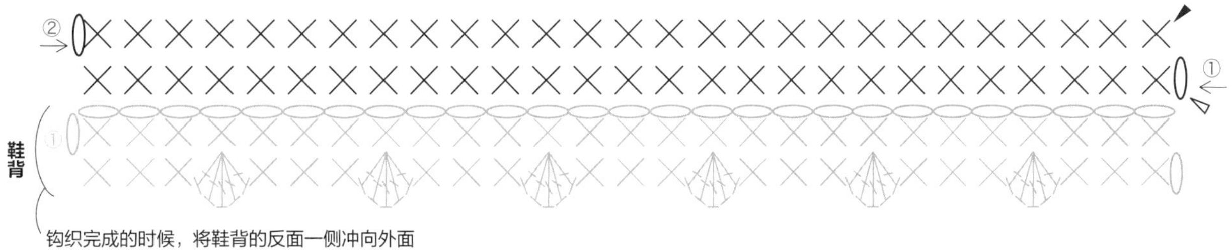

鞋背

钩织完成的时候，将鞋背的反面一侧冲向外面

P8 ……… 05 & 06 十字凉鞋

材料

05（橙色系列）

DMC Natura

灰白色（N36）41g

橙色（N18）15g

绿色（N13）6g

Hamanaka 毛毡鞋底 H204-594（23cm）1套

06（紫色系列）

DMC Natura

灰白色（N36）41g

紫色（N31）15g

灰色（N09）6g

Hamanaka 毛毡鞋底 H204-594（23cm）1套

工具

钩针4/0号、毛衣缝针

针数

短针钩针 23针×29行/10cm²

完成以后的尺寸

23.5cm

制作方法

※05、06相同

※毛毡鞋底的详细缝制方法（Type D）请参照37页。

①钩织鞋底。起40针锁针，将针插入半针，将第一行一直钩织完。反面一侧将剩下的半针挑针。

②按照钩织图，使用短针加针钩织，钩织10行，然后再将两侧绕上线钩织1行。剪掉线，藏线头。

③将毛毡鞋底和鞋底重叠到一起，使用短针钩织缝合。

④钩织鞋背。起38针锁针，将针插入反面，钩织第一行。

⑤按照钩织图，将3种颜色进行配色，一边加针和减针钩织AB。钩织完成的时候，剪掉线然后藏线头。

⑥将A、B进行交叉和鞋底重叠到一起，卷边缝合。藏线头，完成。

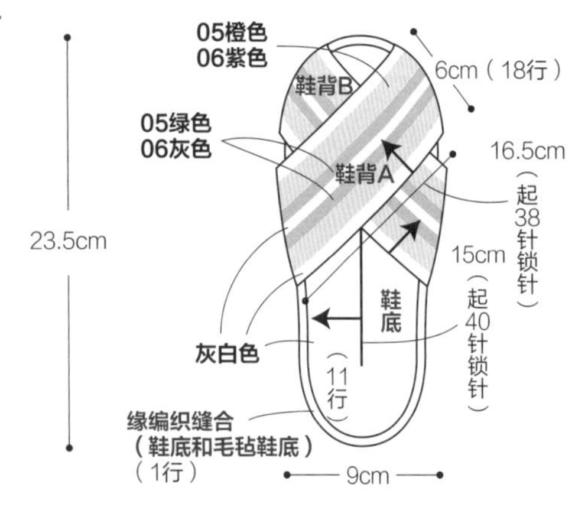

鞋背AB的配色

	05（橙色系列）	06（紫色系列）
起针	灰白色	灰白色
第1~2行	灰白色	灰白色
第3~6行	橙色	紫色
第7~8行	绿色	灰色
第9~10行	灰白色	灰白色
第11~12行	绿色	灰色
第13~16行	橙色	紫色
第17~18行	灰白色	灰白色

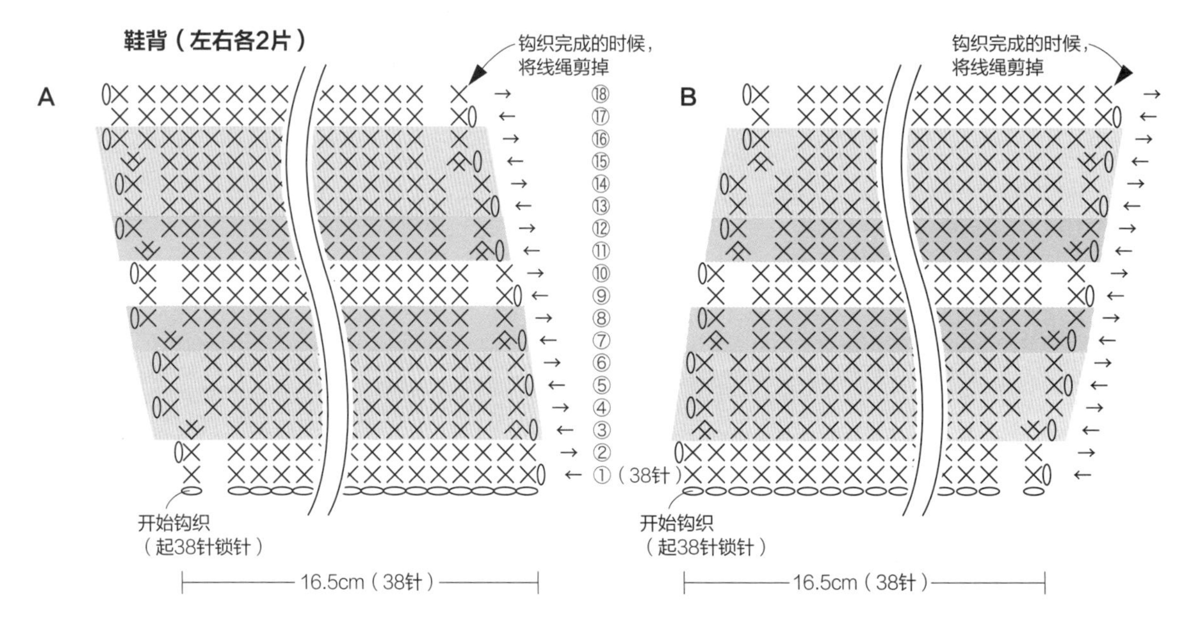

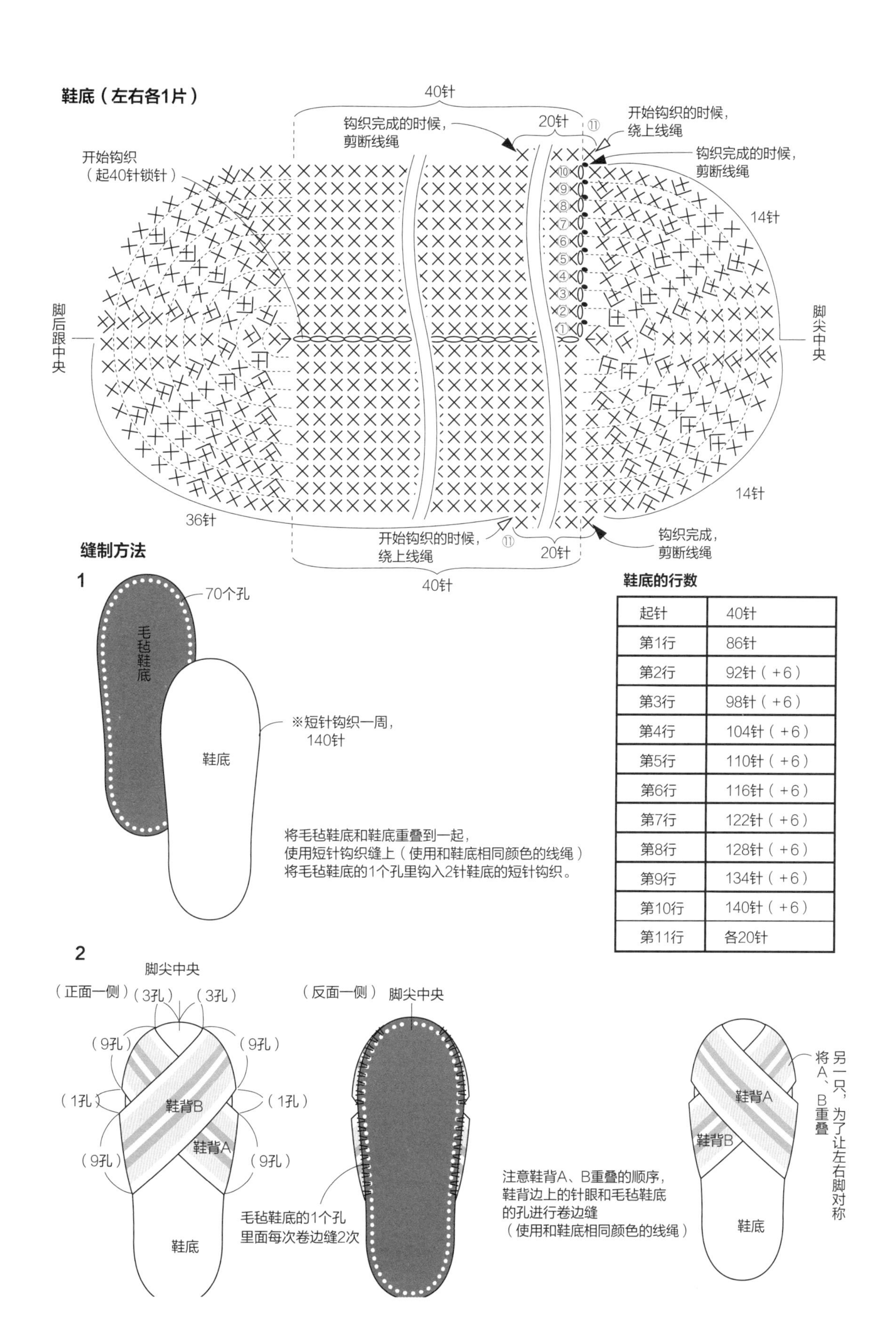

鞋底的行数

起针	40针
第1行	86针
第2行	92针（+6）
第3行	98针（+6）
第4行	104针（+6）
第5行	110针（+6）
第6行	116针（+6）
第7行	122针（+6）
第8行	128针（+6）
第9行	134针（+6）
第10行	140针（+6）
第11行	各20针

P10 ·········· 07 箭头图案的花纹布拖鞋

材料

Hamanaka　Ecoandaria

藏蓝色（57）54g

银色（74）10g

芯材：Hamanaka　人字拖用的绳子

H204–609（8mm）1个

工具

钩针5/0号、6/0号、10/0号、毛衣缝针

针数

鞋底的短针钩织（10/0号）　10针×8行/10cm²

鞋背的短针条纹钩织（5/0号）　20针×16行/10cm²

完成以后的尺寸

24cm

制作方法

※绳子钩织包裹的详细方法（Type B）请参照第35页。

①钩织鞋底。使用2根线合成一股，起18针锁针，将针插入半针，将第1行钩织到边上。剩下的反面半针进行挑针。

②不要钩织起立针，钩织2~4行，钩织完成以后，剪掉绳子，将线和绳子收拾一下。

③钩织鞋背。取一根线合成一股起30针锁针，将日式风格花样（箭头图案的花纹布拖鞋）钩入里面，使用短针条纹钩织进行减针钩织20行。从反面开始短针条纹钩织的时候，将钩针从前面插入。

④鞋背最后使用引拔钩织整理形状。鞋口和旁边也是将开始钩织的起针进行挑针，然后引拔针钩织，留出线后剪掉。

⑤使用短针钩织将鞋底和鞋背缝到一起。藏好线头后完成。

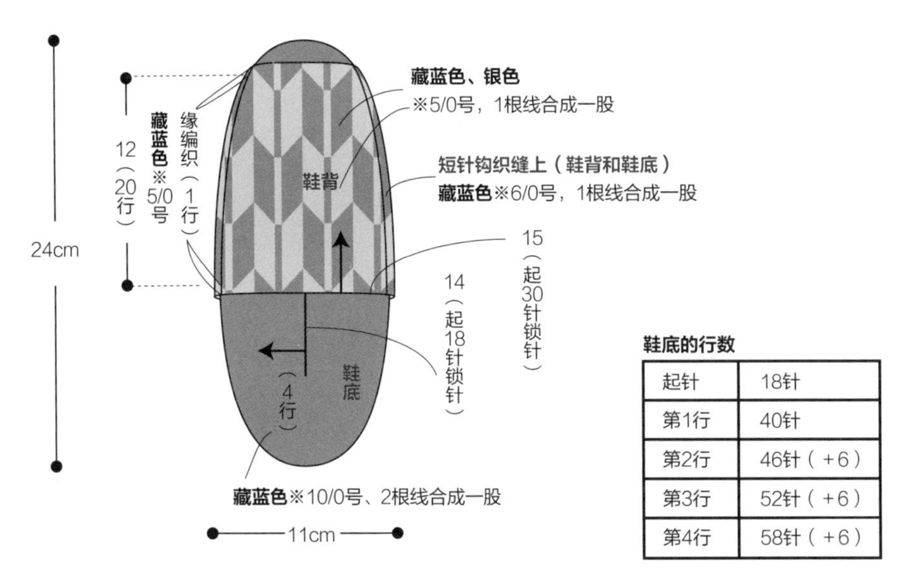

鞋底的行数

起针	18针
第1行	40针
第2行	46针（+6）
第3行	52针（+6）
第4行	58针（+6）

鞋底（左右各1片）

※10/0号，2根线合成一股

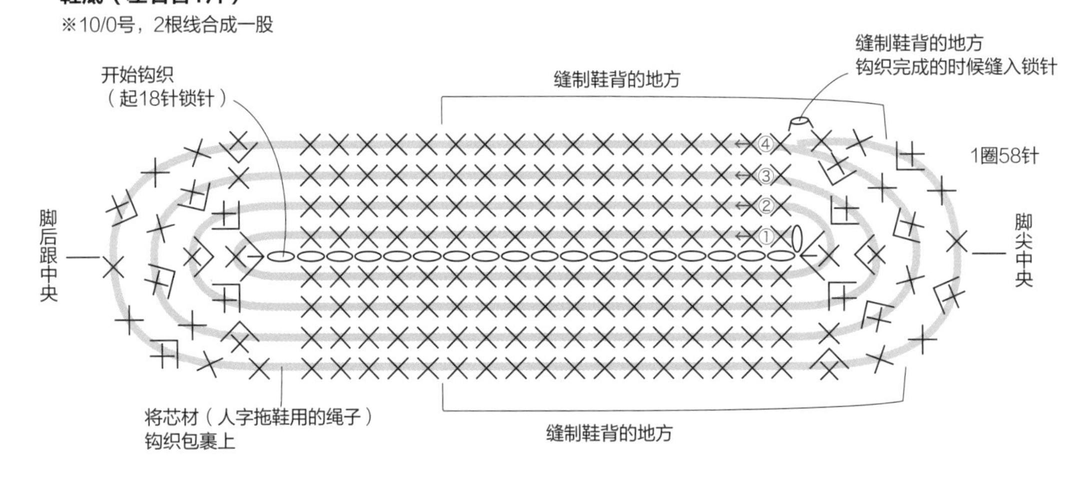

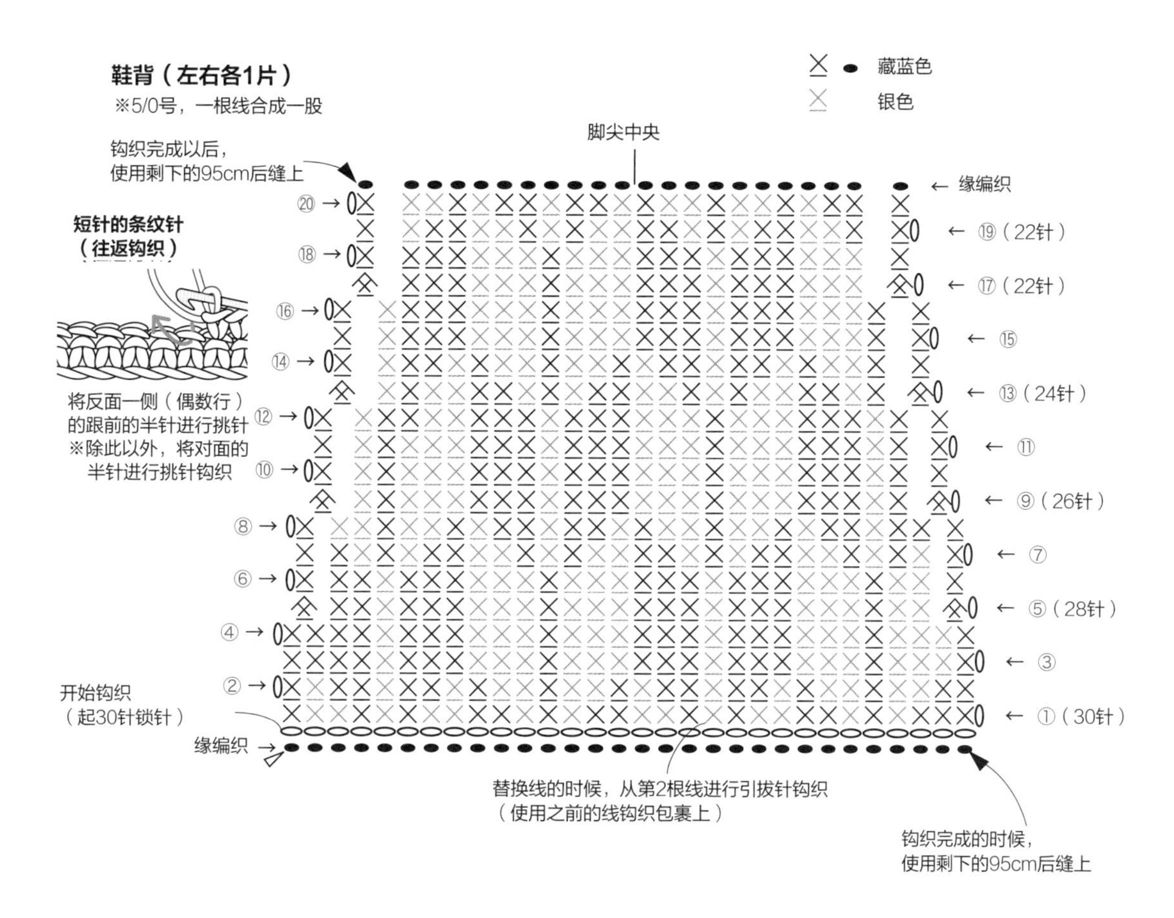
鞋背（左右各1片）
※5/0号，一根线合成一股
藏蓝色
银色
脚尖中央
钩织完成以后，
使用剩下的95cm后缝上
缘编织
⑳
⑲（22针）
⑱
短针的条纹针
（往返钩织）
⑰（22针）
⑯
⑮
⑭
⑬（24针）
将反面一侧（偶数行）
的跟前的半针进行挑针
※除此以外，将对面的
半针进行挑针钩织
⑫
⑪
⑩
⑨（26针）
⑧
⑦
⑥
⑤（28针）
④
③
开始钩织
（起30针锁针）
②
①（30针）
缘编织
替换线的时候，从第2根线进行引拔针钩织
（使用之前的线钩织包裹上）
钩织完成的时候，
使用剩下的95cm后缝上

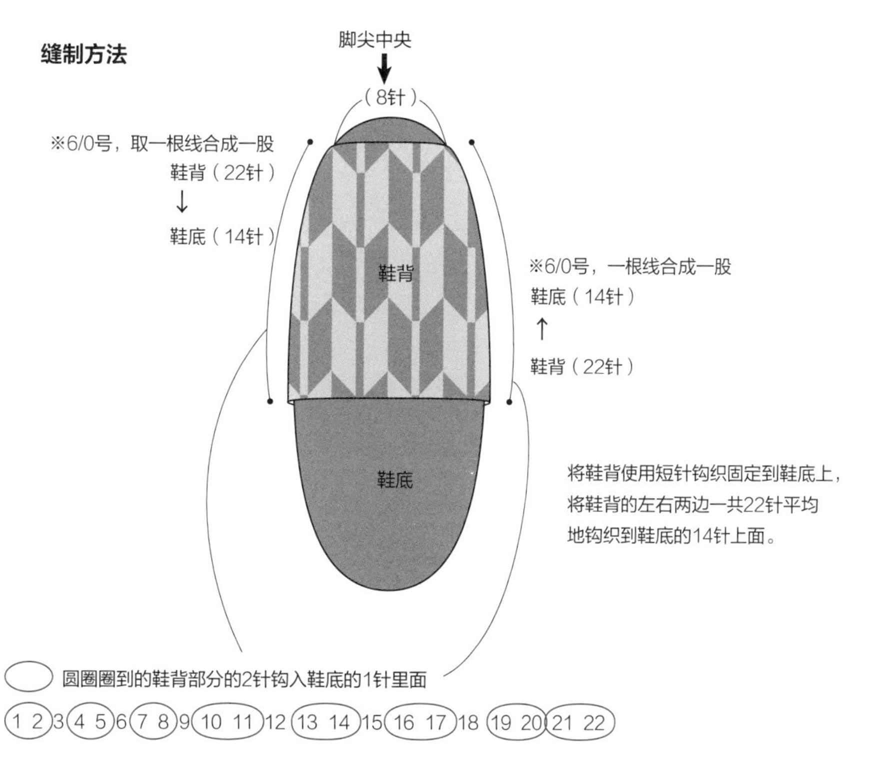
缝制方法
脚尖中央
（8针）
※6/0号，取一根线合成一股
鞋背（22针）
↓
鞋底（14针）
鞋背
※6/0号，一根线合成一股
鞋底（14针）
↑
鞋背（22针）
鞋底
将鞋背使用短针钩织固定到鞋底上，
将鞋背的左右两边一共22针平均
地钩织到鞋底的14针上面。
圆圈圈到的鞋背部分的2针钩入鞋底的1针里面
1 2 3 4 5 6 7 8 9 10 11 12 13 14 15 16 17 18 19 20 21 22

P11 ········ 08 平底凉鞋

材料

Daruma　彩虹棉线

深黄色（10）120g

Daruma　塑料胶带

绿色（8）18g

黄色（7）适量

芯材：包装用的绳子（5mm）10g

工具

钩针10/0号、毛衣缝针

针数

短针钩织　12.5针×10行/10cm²

完成以后的尺寸

25cm

制作方法

※绳子钩织包裹的详细做法（Type B）请参照35页。

①钩织鞋底。起22针锁针，将针插入半针，将绳子包裹钩织到边上，将针插入反面一侧的半针，钩织第1行。

②按照钩织图，两端加针一直钩织到第5行，钩织完成以后引拔针钩织，剪掉线和绳子。将开始钩织的绳子和线藏好线头。

③钩织边缘和带子。将鞋底穿上线，按照钩织图，将锁针的细绳钩织一周，钩织完成以后剪掉线，藏好线头。

④将3根细绳绑到一起，将线卷缝到一起后完成。

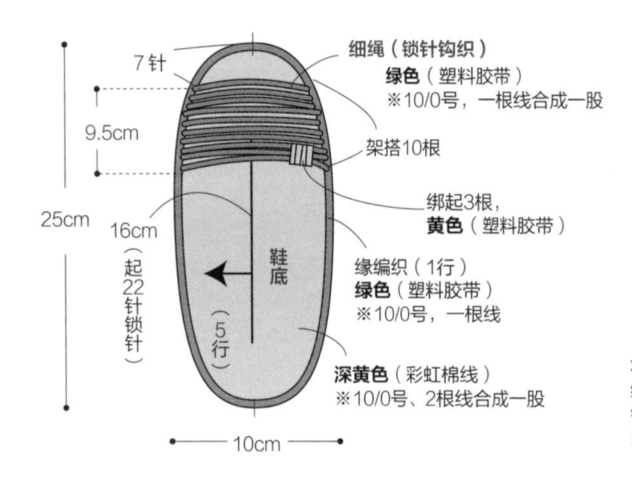

缝制方法

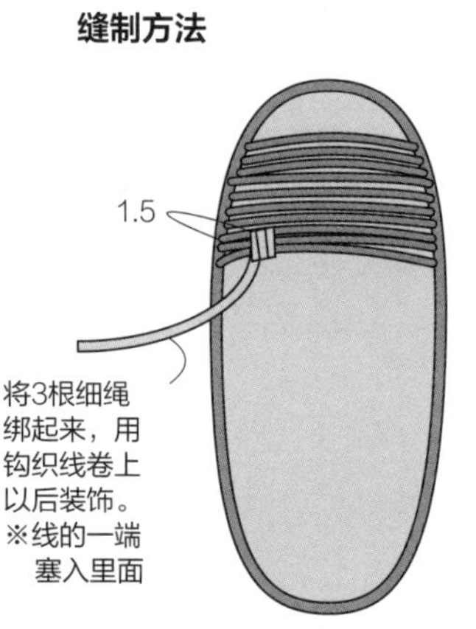

鞋底的行数

起针	22针
第1行	46针
第2行	52针（+6）
第3行	64针（+12）
第4行	64针
第5行	64针

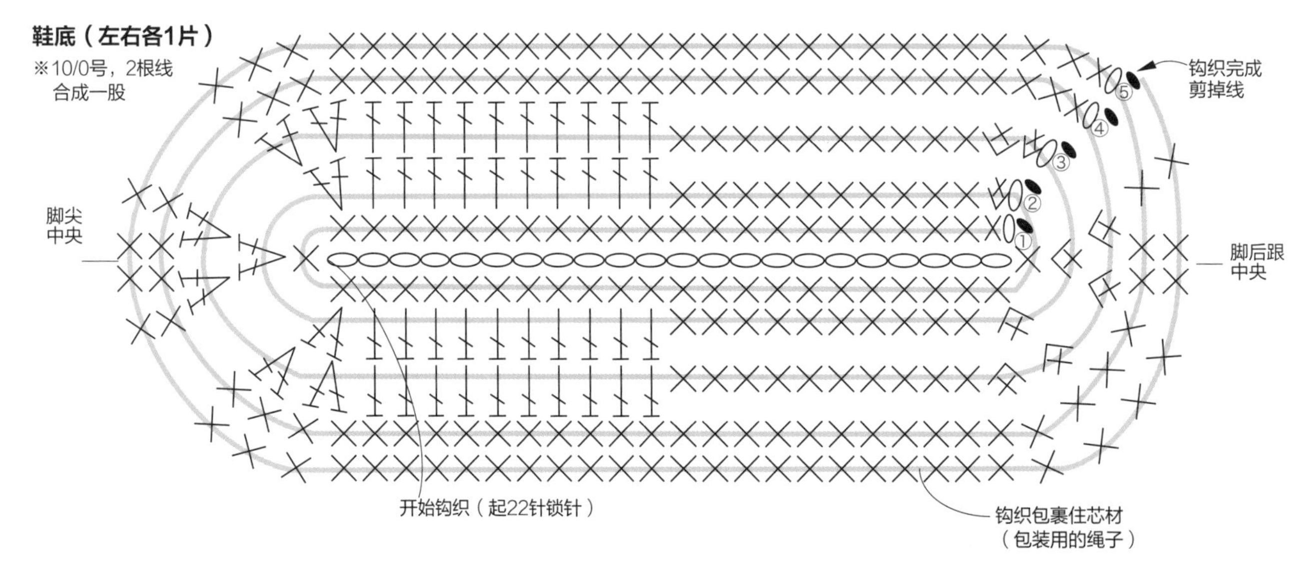

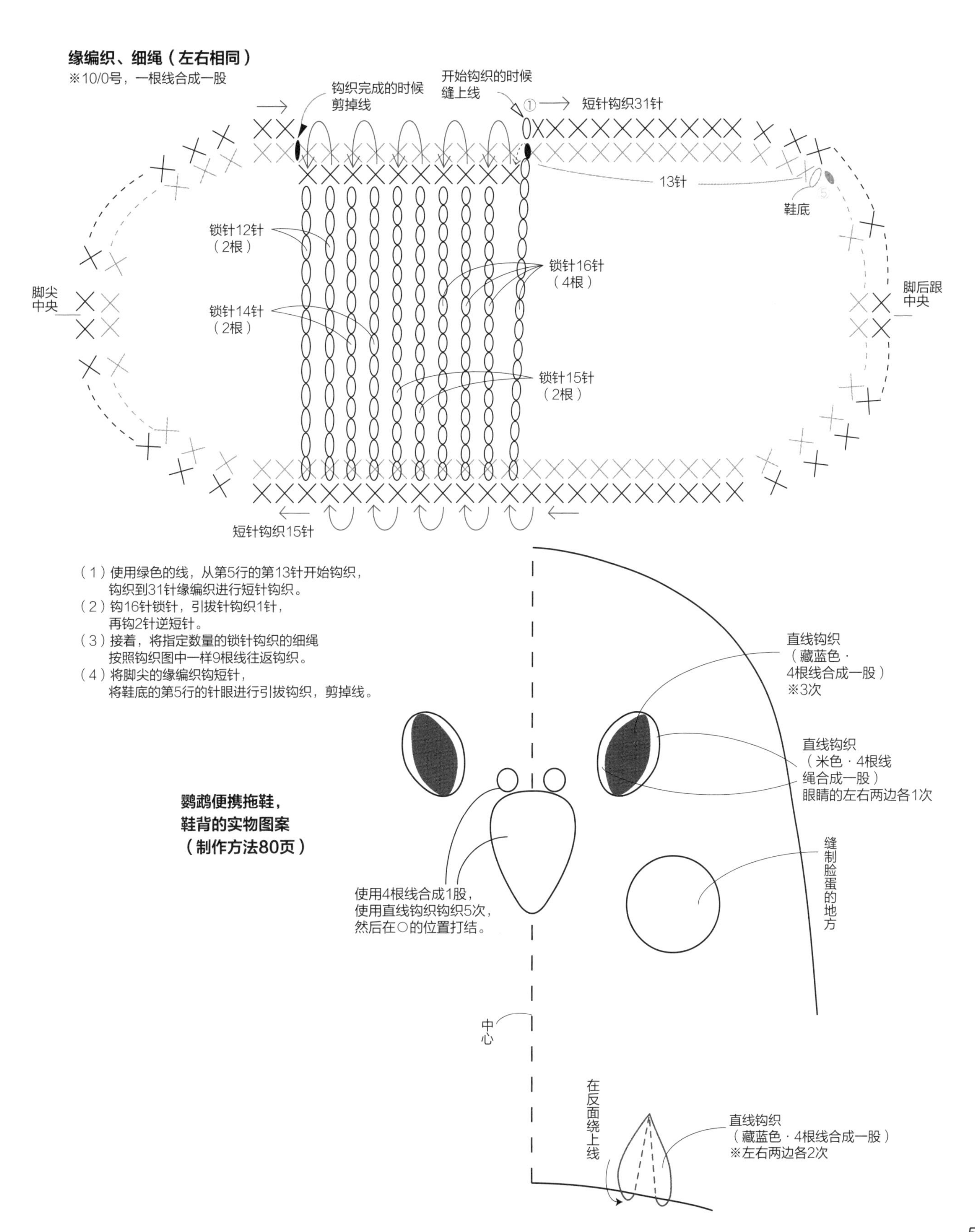

缘编织、细绳（左右相同）
※10/0号，一根线合成一股
钩织完成的时候
剪掉线
开始钩织的时候
缝上线
① 短针钩织31针
13针
鞋底
锁针12针
（2根）
锁针16针
（4根）
脚尖
中央
脚后跟
中央
锁针14针
（2根）
锁针15针
（2根）
短针钩织15针
（1）使用绿色的线，从第5行的第13针开始钩织，
钩织到31针缘编织进行短针钩织。
（2）钩16针锁针，引拔针钩织1针，
再钩2针逆短针。
（3）接着，将指定数量的锁针钩织的细绳
按照钩织图中一样9根线往返钩织。
（4）将脚尖的缘编织钩短针，
将鞋底的第5行的针眼进行引拔钩织，剪掉线。
直线钩织
（藏蓝色·
4根线合成一股）
※3次
直线钩织
（米色·4根线
绳合成一股）
眼睛的左右两边各1次
鹦鹉便携拖鞋，
鞋背的实物图案
（制作方法80页）
缝制脸蛋的地方
使用4根线合成1股，
使用直线钩织钩织5次，
然后在○的位置打结。
中心
在反面绕上线
直线钩织
（藏蓝色·4根线合成一股）
※左右两边各2次

度假凉鞋

材料

09（蓝色）

Saredo　染色斑点棉线

靛蓝色（S41）30g

麻绳鞋底1套

10（红色）

Saredo　再生棉

鲜红色（2082）30g

麻绳鞋底（23.5cm）1套

工具

6/0号、毛衣缝针

针数

短针钩织　20针×16.5行/10cm²

完成以后的尺寸

23.5cm

制作方法

※麻绳鞋底的详细缝制方法（Type F）请参照14页。

※鞋背的第1行钩短针，全部编成一束。

①钩织鞋背，环形起针法起针，钩织1针立针，按照钩织图，钩织第1行。

②钩织第2行，接着，钩织1针立式锁针，钩织鞋背左上方第1行。

③按照钩织图钩织鞋背左上方，使用往返钩织法钩织2~6行，剪掉线。

④绕上线，将鞋背右上方1~6行进行往返钩织，剪掉线。

⑤绕上线，将右侧带子，左侧带子的1~21行分别进行往返钩织，剪掉线。

⑥将余线2根线合成1股使用锁边绣缝到麻绳鞋底上面。

⑦收拾好线，完成。

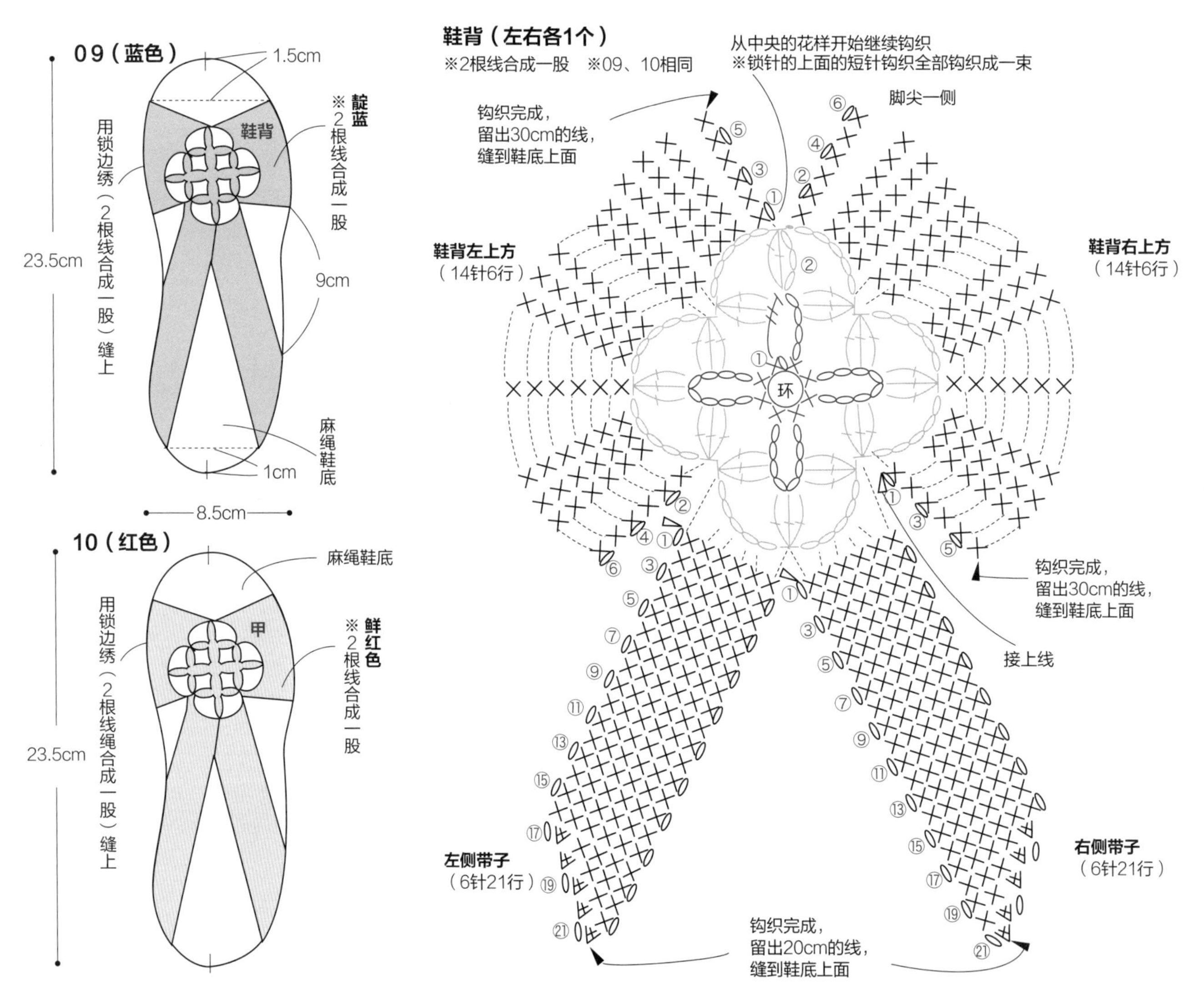

P15 ……… 11 木屐凉鞋

材料

Saredo　再生棉
深蓝色（2141）20g
Saredo　染色斑点棉线、
粉色（S27）20g
麻绳鞋底（23.5cm）1套

工具

6/0号、毛衣缝针

针数

中长针钩织　16.5针×12.5行/10cm²

完成以后的尺寸

23.5cm

制作方法

※麻绳鞋底的详细缝制方法（Type F）请参照14页。

①钩织鞋背，环形起针，织2针立针，再钩5针中长针。在行末锁针的第2针进行引拔钩织，拉紧线，制成环。

②钩织第2行，在行末将锁针的第2针进行引拔钩织。

③换线往返钩织3~21行，剪掉线。

④将余线2根线合成1股用锁边绣缝到麻绳鞋底上面。

⑦收拾好线，完成。

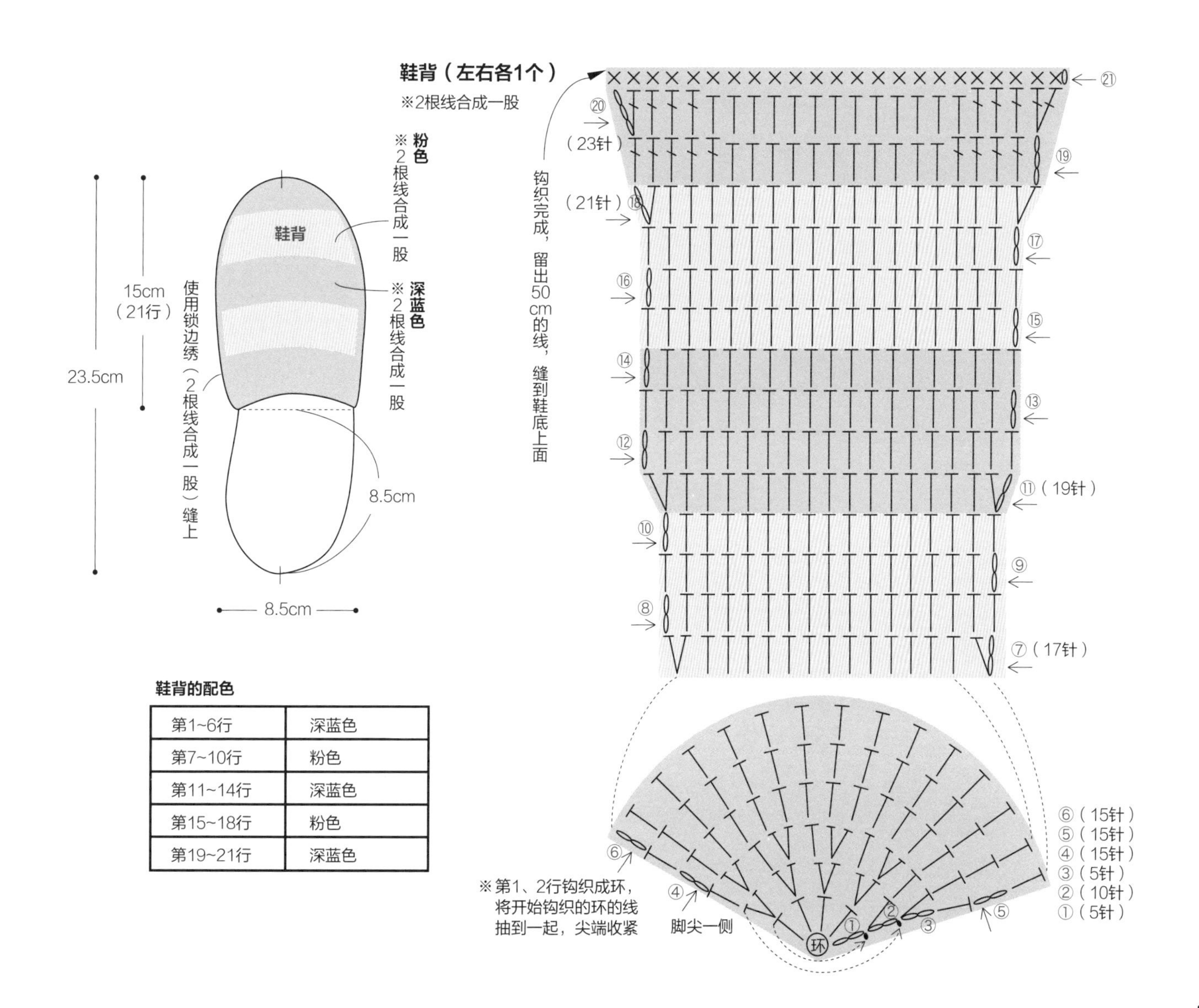

鞋背的配色

第1~6行	深蓝色
第7~10行	粉色
第11~14行	深蓝色
第15~18行	粉色
第19~21行	深蓝色

P16 ·········· 12 妈妈减肥拖鞋

材料

DMC 缎带XL

紫红色（801/27）246g

DMC Natura

灰白色（N36）4g

Hamanaka 毛毡鞋底（23cm）1套

工具

钩针4/0号、特大钩针8号

毛衣缝针

针数

短针钩织 9针×10行/10cm²

完成以后的尺寸

16cm

制作方法

①钩织芯材，起8针锁针，将针插入里侧半针，钩织第1行，使用往返钩织2~20行，缝成圆形固定。

②钩织鞋底，起6针锁针，将针插入里侧半针，将第1行钩织到边上。使用往返钩织一边加针、减针钩织到34行，剪掉线，藏线头。

③将鞋底对折，将1中的圆形芯材包裹的同时，使用短针钩织将周围缝上。

④钩织鞋背，起10针锁针，将针插入里侧半针，钩织1~2行，将3卷边缝缝上。

⑤钩织缎带，起26针锁针，钩织3行。将两边卷边缝连接成一个环，中间使用同样颜色的线卷上，整理成缎带的形状，缝到鞋背上，完成。

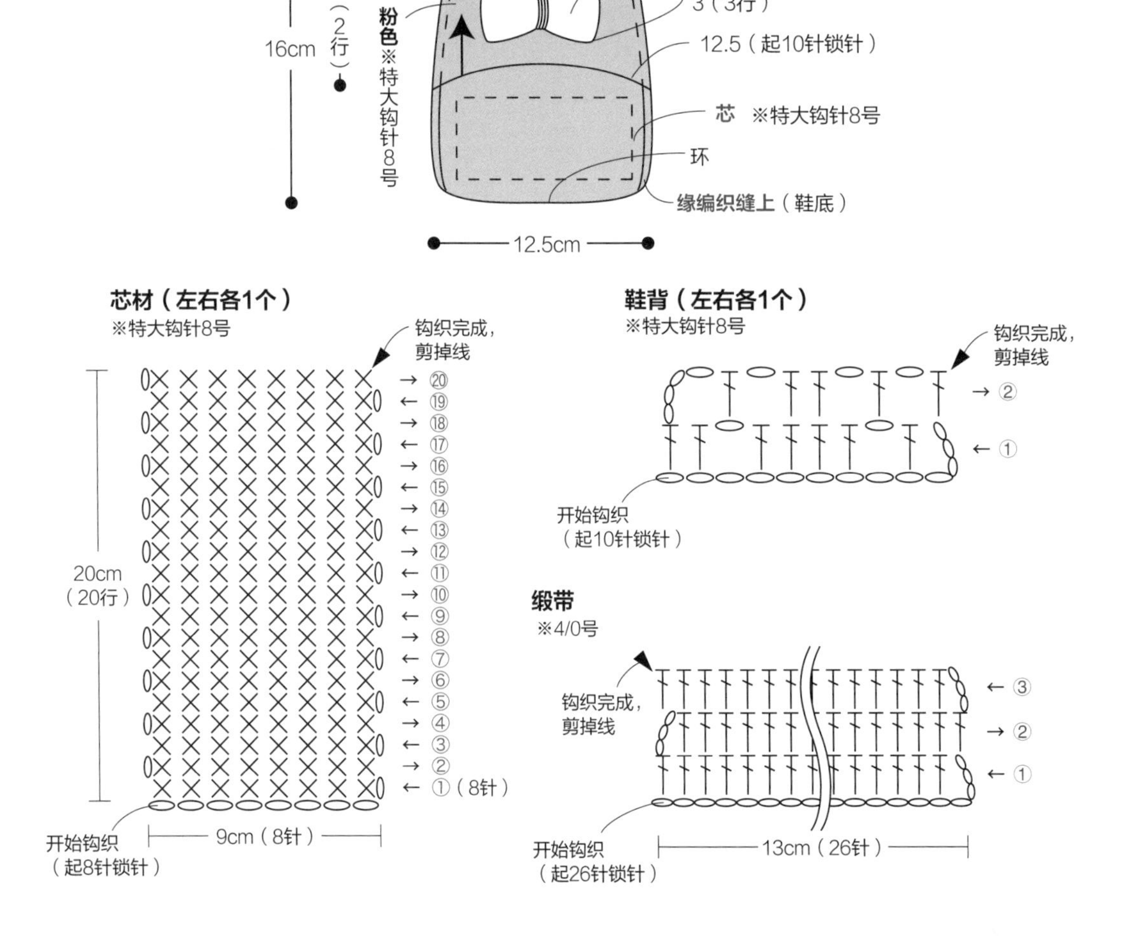

鞋底（左右各1个）

※特大钩针8号

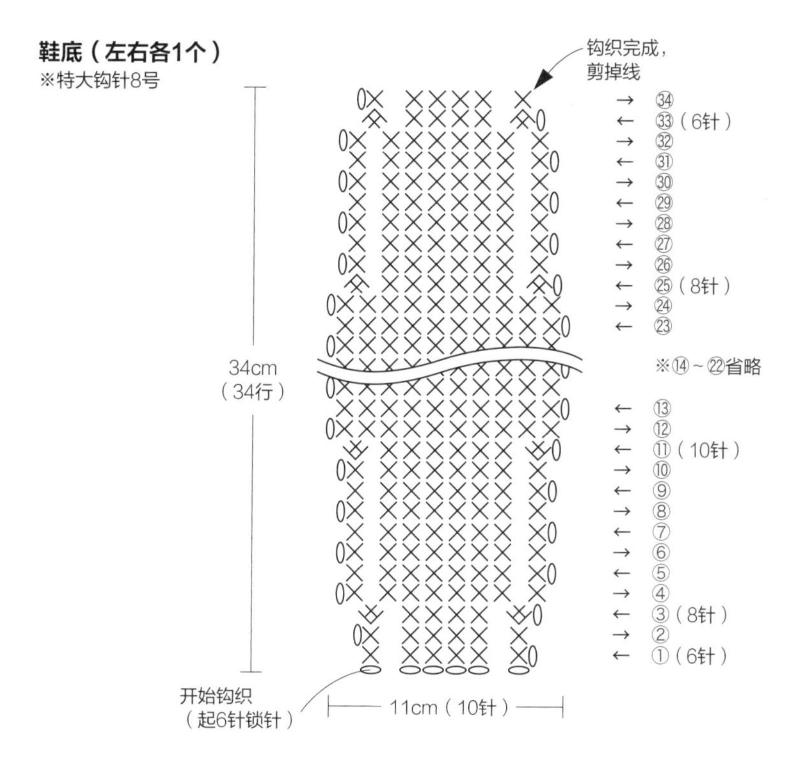

缝制方法

1

缝成圆形

芯材

5

放到脚后背一侧

鞋底
（正面）

折叠

短针钩织28针

（6针）

（11针） （11针）

芯材

环

将鞋底对半折，
将圆形的芯材包裹上，
周围用短针钩织缝上

2

卷边缝

将 **1** 和鞋背卷边缝（使用相同颜色的线），
把缎带缝到鞋背上面

缎带的制作方法

卷边缝

使用相同颜色的
线多卷几次

将边对照到一起卷边缝，
中央用线多缝几回，整理形状

P16 ……… 13 儿童拖鞋

材料

Hamanaka　细线
灰白色（1）23g
红色（3）3g
绿色（18）3g
Hamanaka　皮革底（儿童用）
H204–632（17.5cm）1套

工具

钩针4/0号、毛衣缝针

针数

短针钩织　25针×30行/10cm²

完成以后的尺寸

18cm

制作方法

※缝到毛毡鞋底的详细做法（Type D）请参照37页。

①钩织鞋底，使用锁针做起针，将针插入半针，将第1行钩织到边上，对面一侧用剩下的半针挑针钩织。

②按照钩织图，使用短针加针钩织9行，另外两边绕上线钩织1行。钩织完成，剪掉线藏好线头。

③将毛毡鞋底和鞋底重叠，使用短针钩织一周缝上。

④钩织鞋背，从环的起针开始钩织，3色配色钩织2枚主题图案，使用卷边缝将2个主题图案连接上。

⑤将鞋背使用卷边缝缝到鞋底上，藏好线头完成。

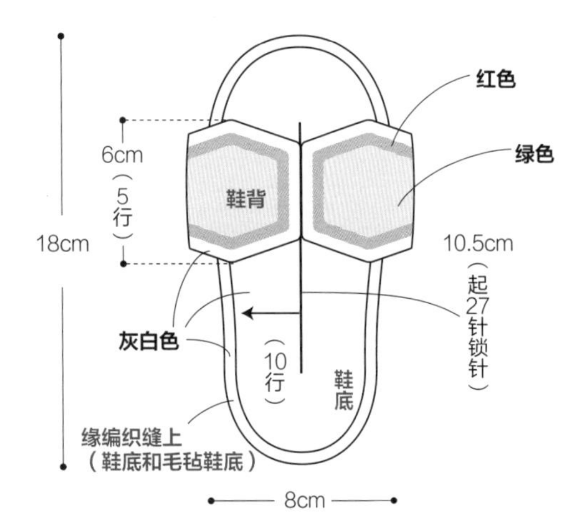

鞋背的主题图案
（左右各2个）

钩织完成，剪掉线

缝上鞋背的位置

连接的位置

鞋背的配色

起针	红色
第1~2行	红色
第3~4行	绿色
第5行	灰白色

鞋背主题图案的行数

起针	4针
第1行	29针
第2行	36针
第3行	48针
第4行	49针
第5行	54针

鞋底（左右各1个）

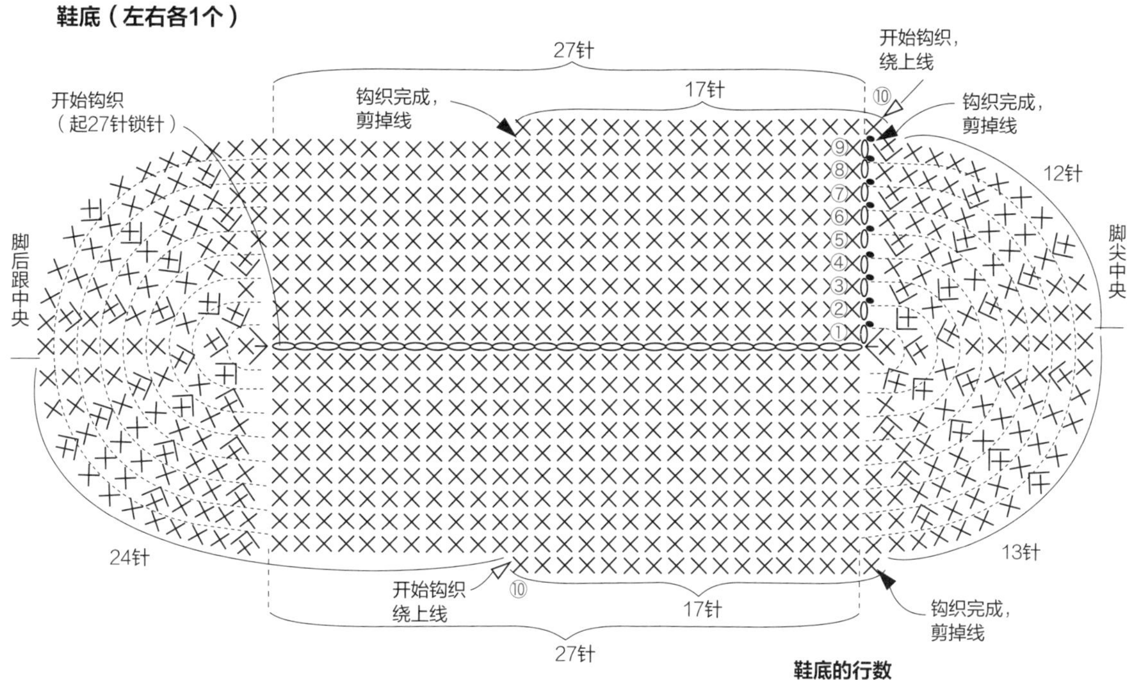

鞋底的行数

起针	27针
第1行	60针
第2行	66针（+6）
第3行	72针（+6）
第4行	78针（+6）
第5行	84针（+6）
第6行	90针（+6）
第7行	96针（+6）
第8行	102针（+6）
第9行	108针（+6）
第10行	各17针

缝制方法

1

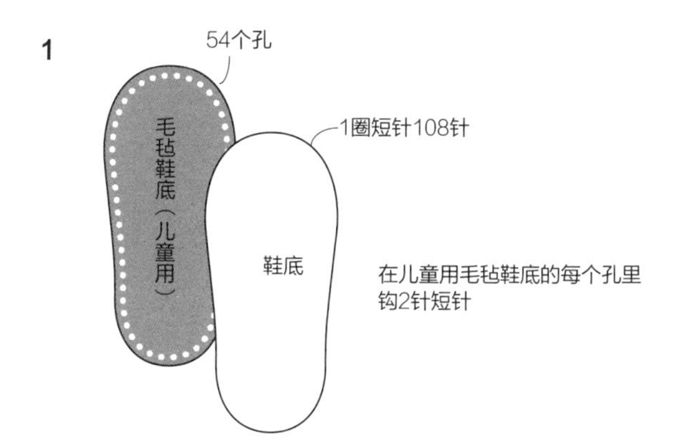

在儿童用毛毡鞋底的每个孔里
钩2针短针

2

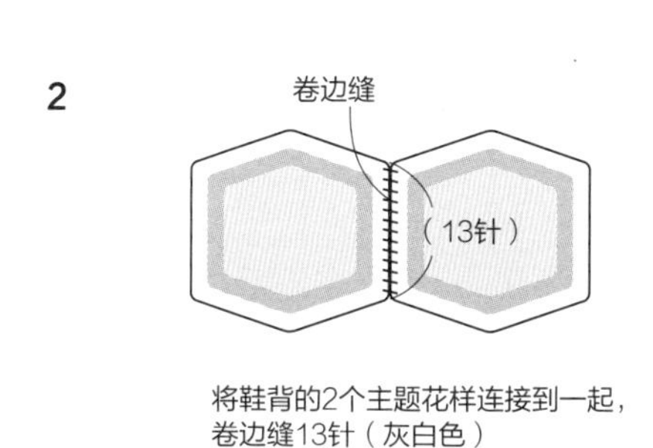

将鞋背的2个主题花样连接到一起，
卷边缝13针（灰白色）

3

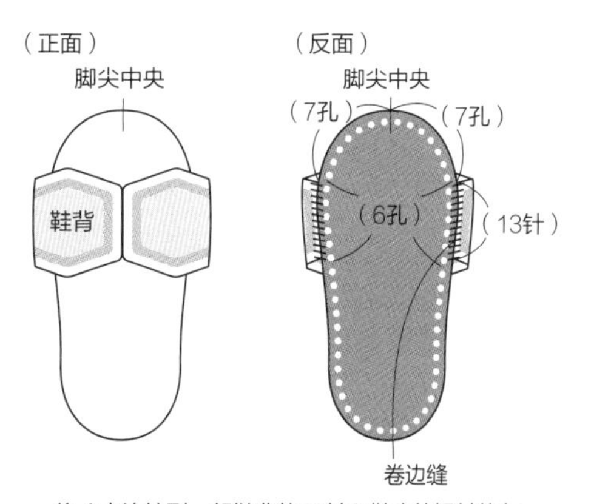

将 **1** 中连接到一起鞋背的13针和鞋底的短针钩织
的针眼使用卷边缝缝到一起（和鞋底相同颜色的线）

P19 ········ 14 摩洛哥拖鞋

材料

Ski毛线
Ski手工钩织洋麻线
茶色（309）90g
茶色（303）40g
Ski毛线
Ski Elise
银色（101）5g
芯材：腈纶细麻绳
茶色（7mm）40g

工具

钩针5/0号、毛衣缝针

针数

短针钩织　25针×12.5行/10cm²

完成以后的尺寸

24.5cm

制作方法

※钩织包裹细麻绳的方法（Type B）请参照35页。

①钩织鞋底。起40针锁针，将针插入半针，将腈纶细麻绳钩织包裹到边上，将针插入对面一侧剩下的半针，钩织第1行。
②按照钩织图，两边加针钩织到第6行，钩织完成进行引拔钩织，将线和腈纶细麻绳剪掉，将开始钩织的腈纶细麻绳和线藏好线头。
③钩织鞋背。起12针锁针，将针插入背面，钩织第1行。
④按照钩织图往返钩织2~36行。
⑤钩织脚后跟，起8针锁针，将针插入背面，钩织第1行。
⑥按照钩织图使用往返钩织2~54行。
⑦钩织主题花样。使用锁针环形起针，钩织1~5行，钩织完成，将线剪掉，藏线头。
⑧将鞋背和脚后跟正面相对着合拢缝到鞋底上，卷边缝，翻回正面。
⑨将主题花样缝到鞋背上面，完成。

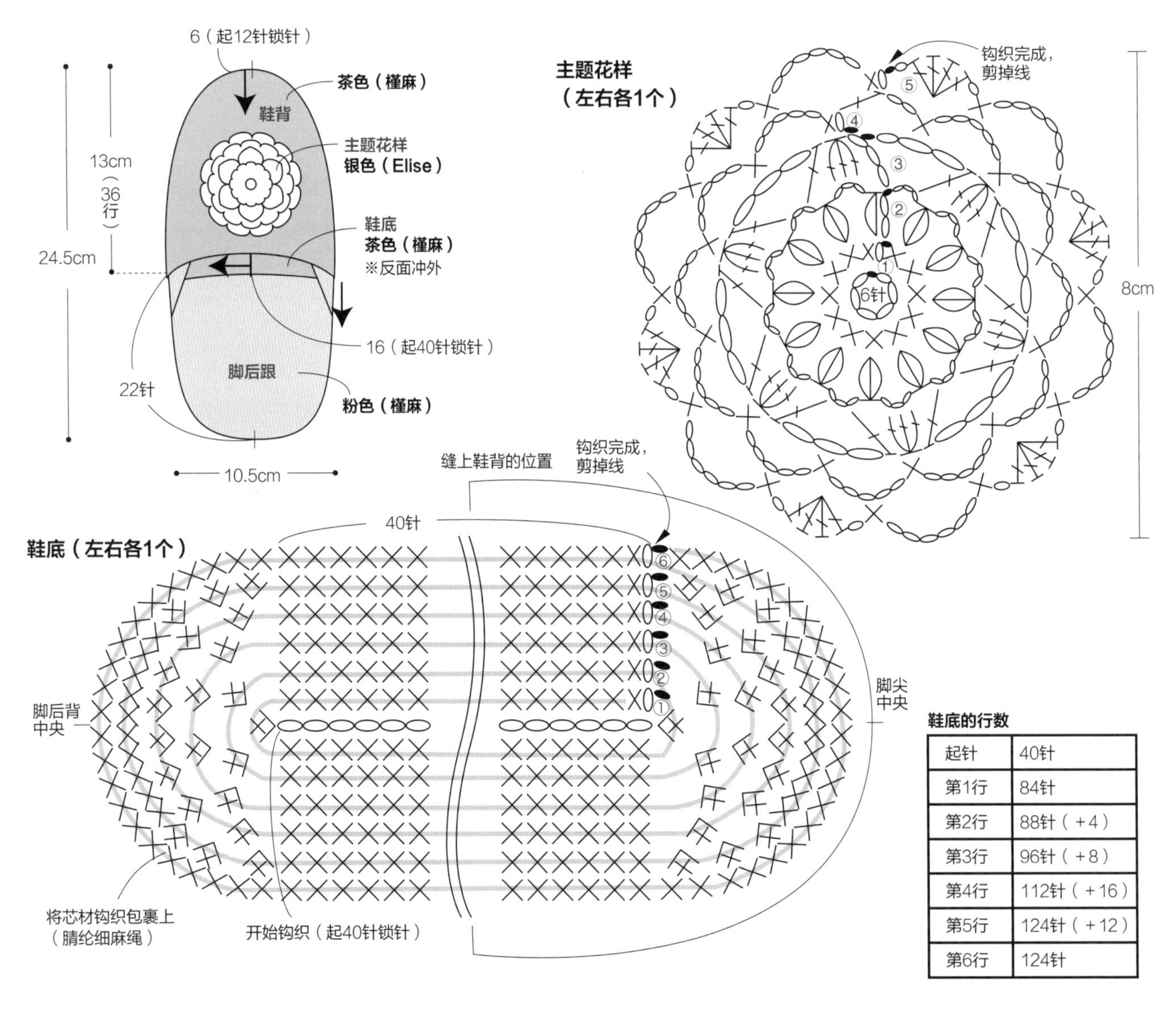

鞋底的行数

起针	40针
第1行	84针
第2行	88针（+4）
第3行	96针（+8）
第4行	112针（+16）
第5行	124针（+12）
第6行	124针

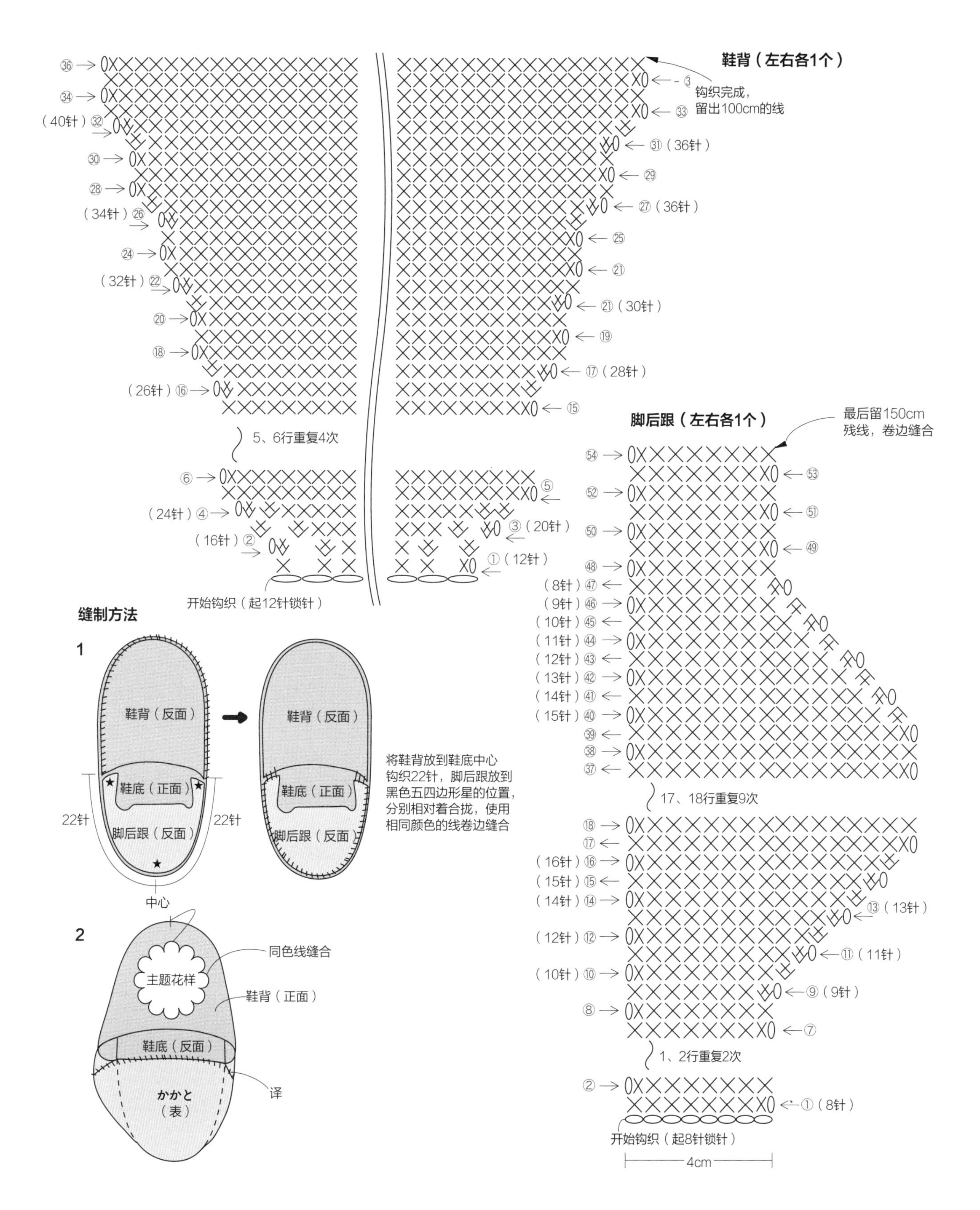

鞋背（左右各1个）
钩织完成，
留出100cm的线
(40针)
(36针)
(34针)
(36针)
(32针)
(30针)
(28针)
(26针)
5、6行重复4次
(24针)
(20针)
(16针)
(12针)
开始钩织（起12针锁针）
脚后跟（左右各1个）
最后留150cm
残线，卷边缝合
17、18行重复9次
1、2行重复2次
开始钩织（起8针锁针）
4cm
缝制方法
鞋背（反面）
鞋底（正面）
脚后跟（反面）
22针
中心
将鞋背放到鞋底中心
钩织22针，脚后跟放到
黑色五四边形星的位置，
分别相对着合拢，使用
相同颜色的线卷边缝合
同色线缝合
主题花样
鞋背（正面）
鞋底（反面）
かかと
（表）
译

P20 ……… 15　人字拖凉鞋

材料

Daruma　塑料胶带

灰色（6）90g

黄色

（7）45g

Daruma　塑料软线

灰色（9）40g

Hamanaka　皮革鞋底 H441-020

（23cm）1套

适量手工用的带子

工具

钩针5/0号、8/0号、毛衣缝针

针数

短针钩织　12.5针 × 12.5行/10cm²

完成以后的尺寸

24cm

制作方法

①钩织鞋底，起4针锁针，将针插入里侧，钩织第1行。

②按照钩织图，使用往返钩织法钩织2~31行，钩织完成以后剪掉线，收拾线头。

③钩织鞋背，从环的起针开始钩织，钩织3针立针，钩织第1行。

④按照钩织图，钩织2~3行，钩织完成，剪掉线，收拾好。

⑤将针和线交替进行缘编织，按照钩织图，钩1行引拔针，接着钩织5针锁针，剪掉线。

⑥将鞋背剩下的2个四边形头上留大约15cm，装上线，分别钩织6针锁针，剪掉线，将开始钩织的线藏到针眼中。

⑦将3根鞋背的链带穿过鞋底反面一侧，穿过织物数次固定，剪掉线藏好线头。

⑧反面用手工用的带子粘上鞋底，使用2根合成1股的塑料软线用缝针缝上，完成。

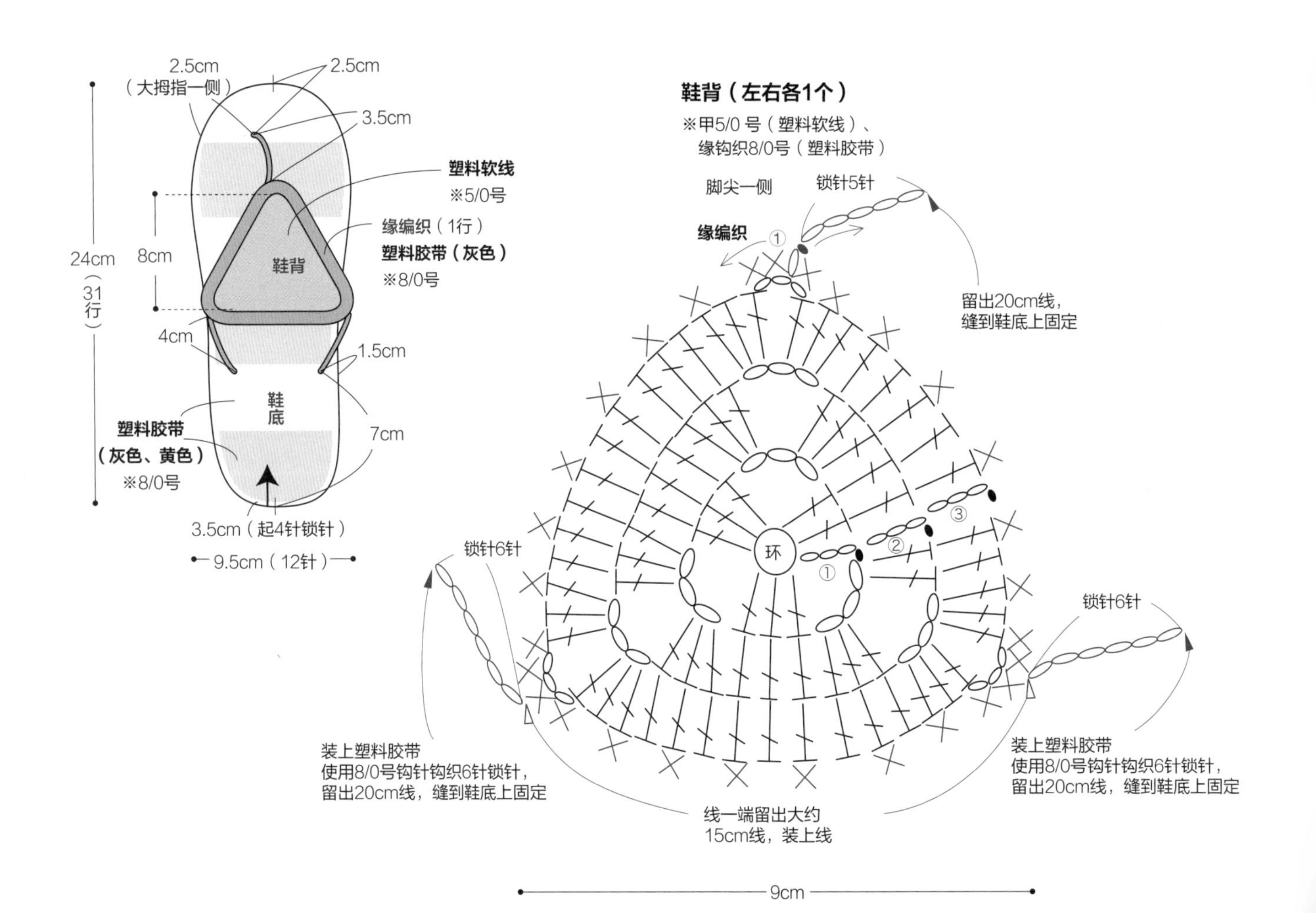

缝制方法

1

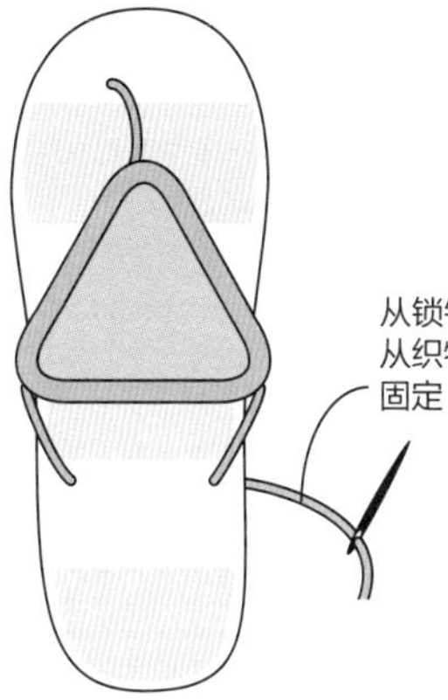

从锁针反面一侧拉出，
从织物上穿过几次，
固定，然后藏线头

2

使用胶带将皮革鞋底粘到鞋底上，
使用2根线合成一股的
塑料软线缝上一周

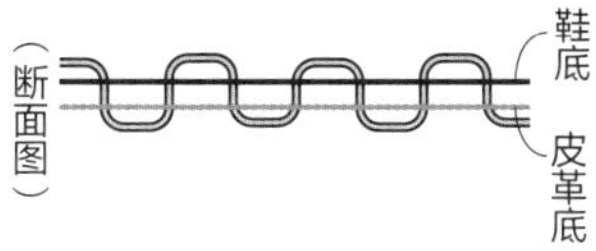

（断面图）鞋底 皮革底

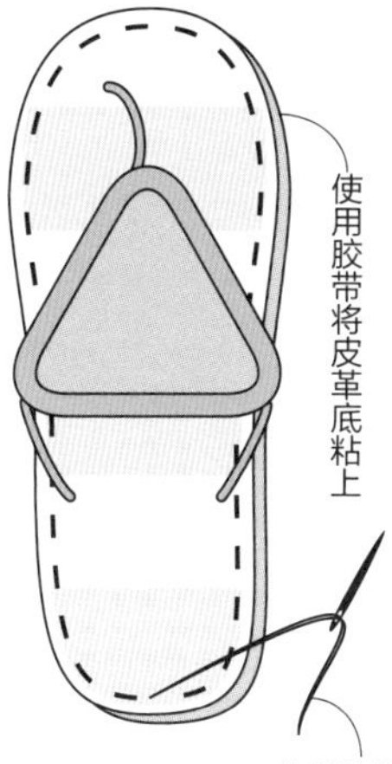

使用胶带将皮革底粘上

塑料软线
（2根线合成一股）

3

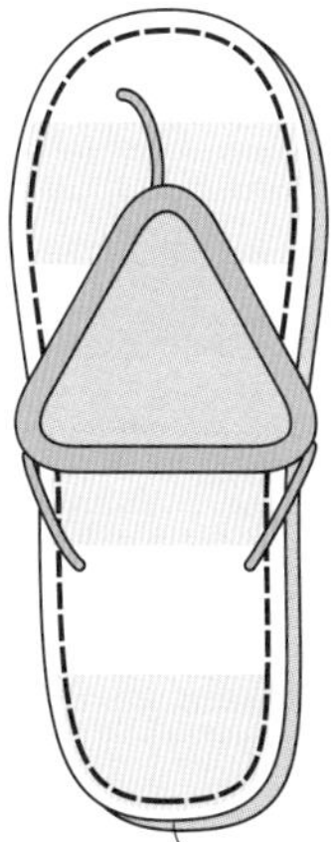

（断面图）鞋底 皮革底

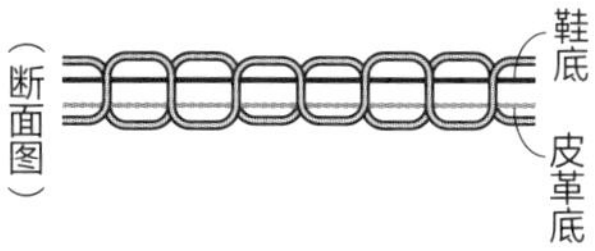

填补到**2**缝的针眼之间，再缝上一周

缝完以后，将线藏到2片鞋底之间
渡线的针脚中，剪掉

鞋底（左右各1个）

※8/0号

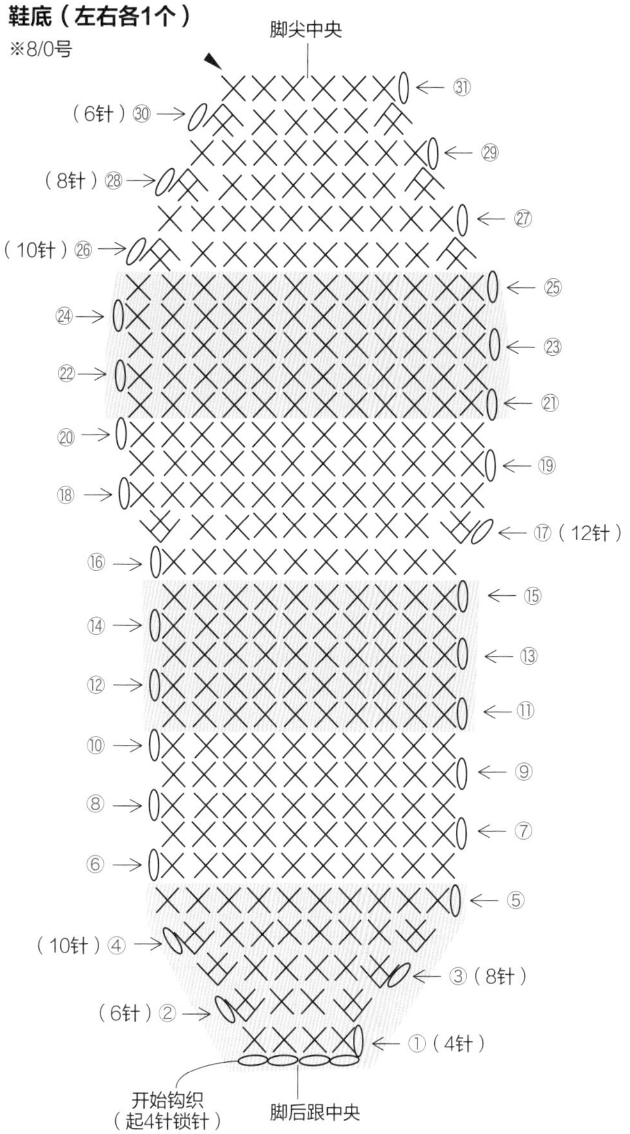

脚尖中央

（6针）㉚ ㉛
（8针）㉘ ㉙
（10针）㉖ ㉗
㉔ ㉕
㉒ ㉓
⑳ ㉑
⑱ ⑲
⑯ ⑰（12针）
⑭ ⑮
⑫ ⑬
⑩ ⑪
⑧ ⑨
⑥ ⑦
⑤
（10针）④
③（8针）
（6针）②
①（4针）

开始钩织
（起4针锁针）

脚后跟中央

鞋底的配色

起针	黄色
第1~5行	黄色
第6~10行	灰色
第11~15行	黄色
第16~20行	灰色
第21~25行	黄色
第26~31行	灰色

P21 ……… 16 环保布条钩织拖鞋

材料

粗斜纹棉布110×70cm

花纹布110×60cm

芯材：Hamanaka 塑料丝

H430-058（L）1个

适量手工缝线

工具

大号钩针8号、毛衣缝针、缝针

针数

短针钩织 9针×9行/10cm²

完成以后的尺寸

24cm

制作方法

※塑料丝钩织包裹的方法（Type A）请参照22页。

①钩织鞋底。使用撕成条状的粗斜纹棉布，起16针锁针，将针插入半针，边上折叠0.5cm，将塑料丝钩织包裹住，将第1行一直钩织到边上。反面一侧使用剩下的半针进行挑针。

②按照钩织图，两端加针钩织2~3行，第3行的结束进行引拔钩织，剪下布条（将塑料丝留出大约1~1.5cm后剪掉，边上折叠0.5cm）。

③装上花纹布的布条，钩织第4行。最后1针进行引拔钩织，剪下布条，同样剪下塑料丝。

④收拾好鞋底的布料。为了让外面看不到塑料丝，藏到针脚里面。

⑤钩织鞋背。使用花纹布的布条，起13针锁针，将针插入半针，钩织第1行。

⑥两端减针的同时，按照钩织图钩织2~9行，钩织完以后，剪掉布条收拾。

⑦进行缘编织。装上花纹布的布条，将鞋背的起针15针进行挑针，引拔钩织一行，剪掉布条，藏好线头。

⑧将鞋底和鞋背重叠到一起，使用缝线卷边缝。*缝上鞋背的方法和43页一样。

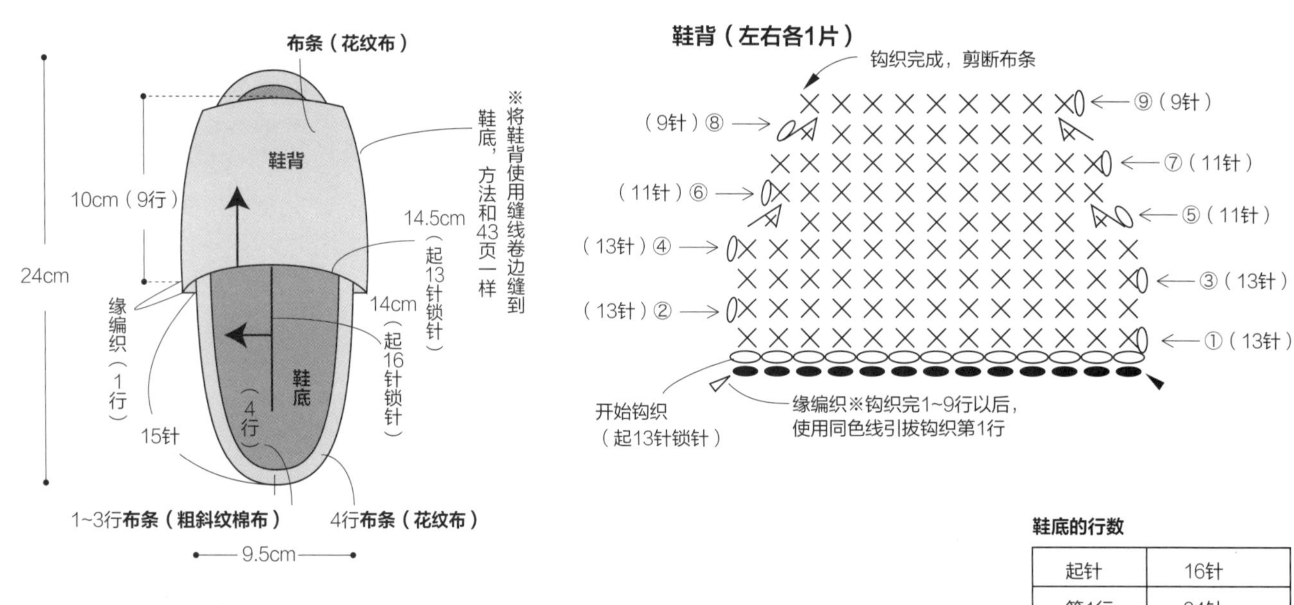

鞋底的行数

起针	16针
第1行	34针
第2行	42针（+8）
第3针	50针（+8）
第4针	51针

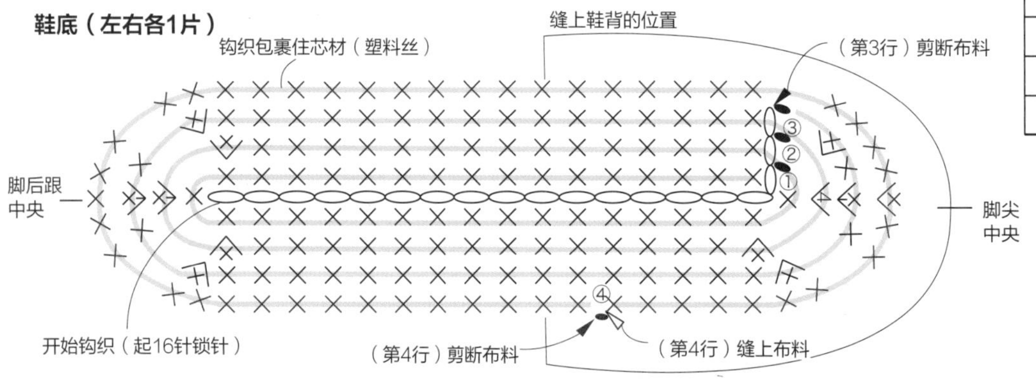

P33 ········· 27 便携缎带拖鞋

材料

DMC　缎带XL

棕色（801/39）100g

芯材：Hamanaka塑料丝 H430-058（L）1个

宽0.3cm的丝绒缎带、

宽0.5cm的缎带，每个40cm

适量的手工缝线

工具

钩针10/0号、毛衣缝针、缝针

针数

短针钩织　11针×10行/10cm^2

完成以后的尺寸

24cm

制作方法

※钩织包裹塑料丝的方法（Type A）请参照22页。

①钩织鞋底，起17针锁针，将针插入半针，将第一行钩织到边上，将对面一侧剩下的半针拾针钩织。

②按照钩织图，两边加针钩织第2~3行，第3行的最后引拔钩织，剪掉线。

③绕上线，钩织第4行，最后1针进行引拔钩织，剪掉线。

④绕上线，将边上折叠0.5cm，将塑料丝钩织包裹的同时，钩织第5行，最后1针进行引拔钩织，然后剪掉线，剪掉塑料绳。

⑤收拾鞋底的线，为了在外面看不到塑料丝，将其藏到针眼中。

⑤钩织鞋背。起15针锁针，将针插入半针，钩织第1行。

⑥两边减针的同时，按照钩织图钩织2~11行，钩织完以后，剪掉线，藏好线头。

⑦进行缘编织，绕上线，将鞋背的15针起针进行挑针，引拔钩织1行。

⑧接着，将鞋背重叠到鞋底上，使用缝针卷边缝※将鞋背缝上的方法和43页一样。

⑨剪掉线，收拾好线，缝上缎带，完成。

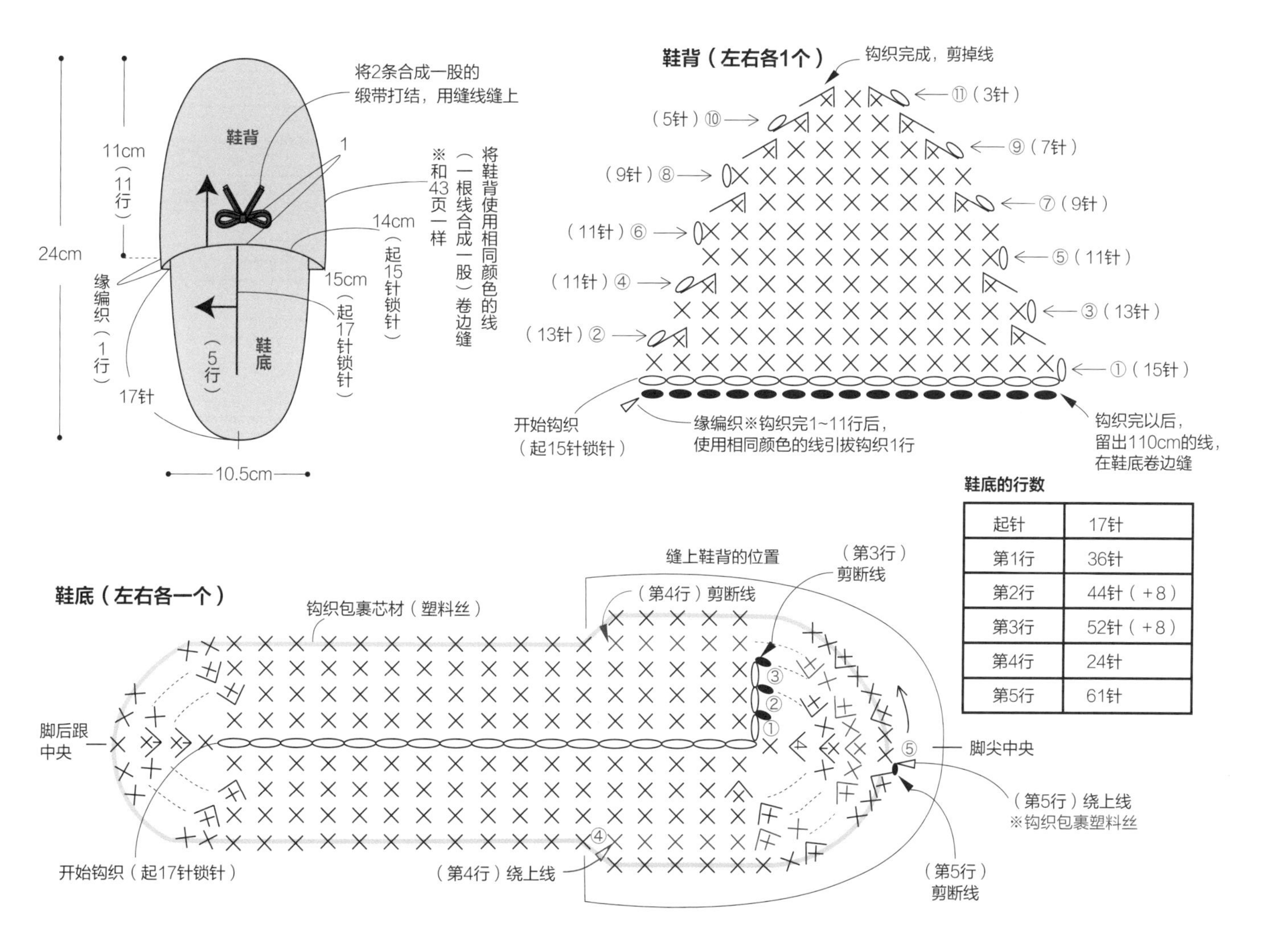

鞋底的行数

起针	17针
第1行	36针
第2行	44针（+8）
第3行	52针（+8）
第4行	24针
第5行	61针

P23 ……… 17 小花拖鞋

材料

Daruma　dulcian中粗

薄荷绿色（8）90g

Daruma　dulcian中细马海毛

白色（16）、深粉色（44）、淡红色（4）、深棕色（41）、黄色（42）、灰色（39）、绿色（25）、蓝色（40）每个2~3g

芯材：包装用的绳子（5mm）10g

手缝线

工具

钩针4/0号、6/0号、10/0号、毛衣缝针、缝针

针数

鞋底的短针钩织　12.5针×11行/10cm²

完成以后的尺寸

25cm

制作方法

※将绳子钩织包裹住的方法（Type B），请参照35页。

①钩织鞋底，起23针锁针，将针插入半针，将绳子钩织包裹住的同时一直钩织到边上，对面一侧将针插入剩下的半针，钩织第1行。

②按照钩织图，两边加针一直钩织到第5行，钩织完成以后引拔钩织，剪掉线和绳子，藏好起针的绳子和线的线头。

③钩织鞋背，起18针锁针，将针插入背面，钩织第1行。

④使用往返钩织，按照钩织图钩织2~11行，钩织完成以后剪掉线，藏好线头。

⑤钩织带条，和鞋背一样钩织4行，收拾好线。

⑥钩织花朵，从环的起针开始钩织，钩织1~2行，钩织完成以后剪掉线，藏好线头。

⑦将鞋背和带条使用卷边缝缝到鞋底上。

⑧将花缝到鞋背上，完成。

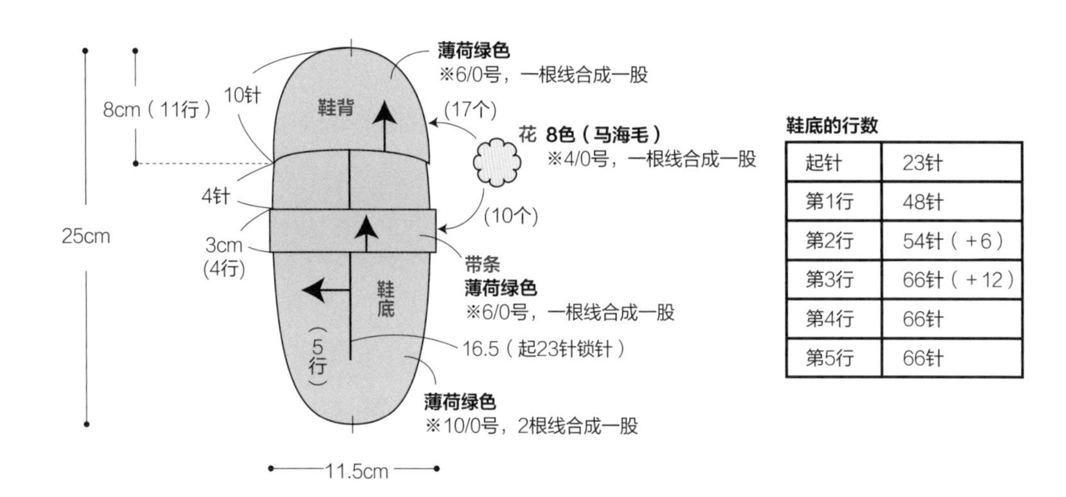

鞋底的行数

起针	23针
第1行	48针
第2行	54针（+6）
第3行	66针（+12）
第4行	66针
第5行	66针

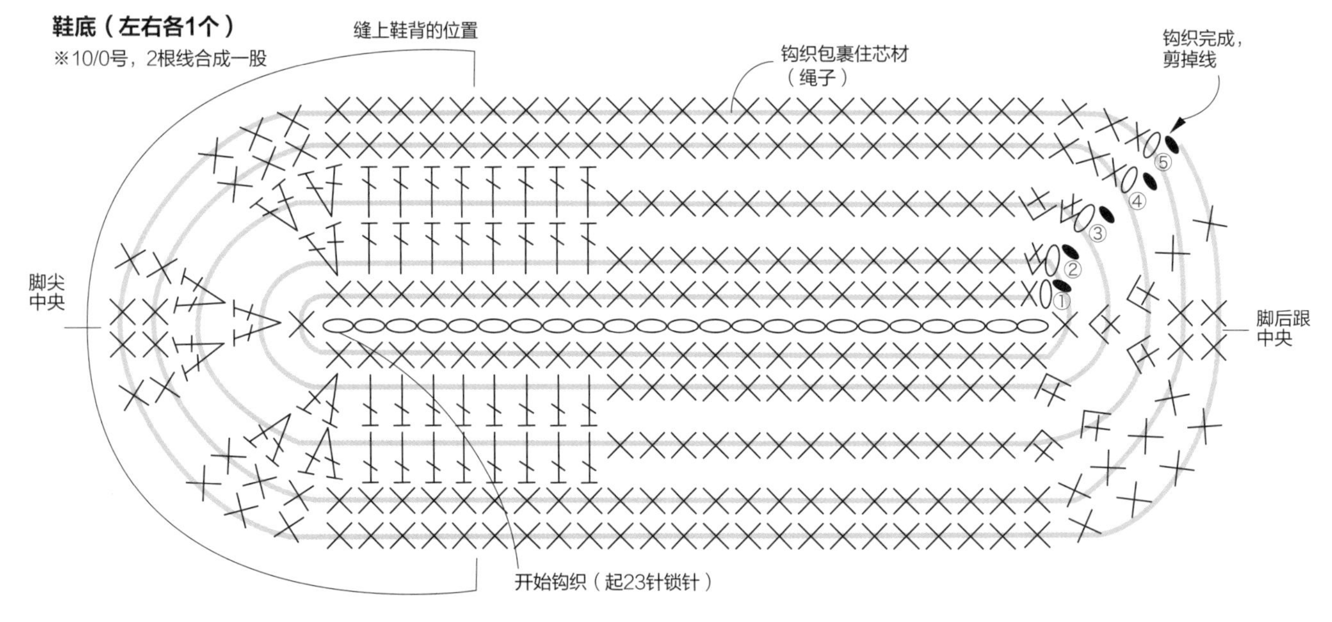

鞋背（左右各1个）

※6/0号，一根线合成一股

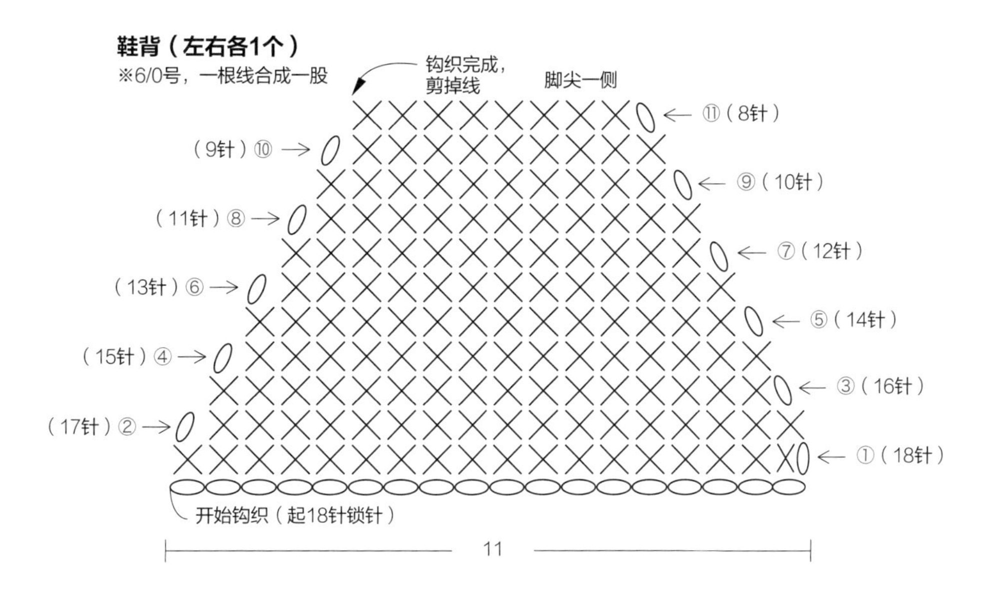

花朵（左右各27朵）

※4/0号，一根线合成一股

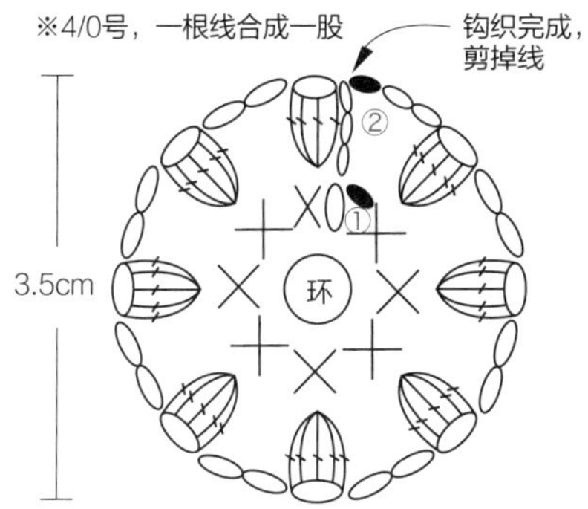

带条（左右各1条）

※6/0号，一根线合成一股

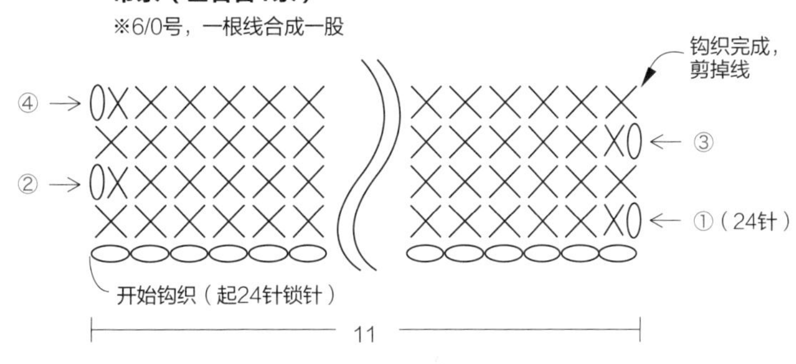

缝制方法

1

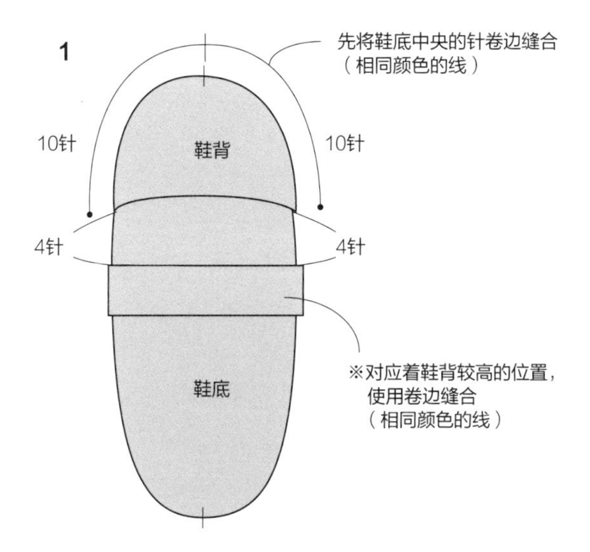

2

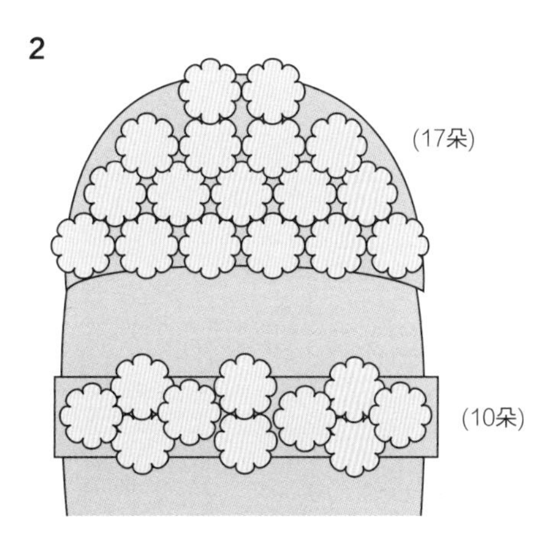

将花反面一侧使用缝线缝到鞋背和带条上面

P25 ········ 18 & 19 松软绵羊拖鞋

材料

18（灰色）

Hamanaka　Bonnie

灰色（486）142g

绿色（498）39g

白色（401）6g

Hamanaka　Rich More Elk

白色（57）5g

19（黄色）

Hamanaka　Bonnie

灰色（486）142g

黄色（432）39g

白色（401）6g

Hamanaka　Rich More Elk

白色（57）5g

工具

钩针8/0号、毛衣缝针

针数

鞋底的爆米花针钩织　6针×4.5行/10cm²

鞋背的短针条纹针

13针×12行/10cm²

完成以后的尺寸

25cm

制作方法

※18、19相同

※2个鞋底的具体缝制方法（Type E）请参照38页。

①钩织鞋底，起18针锁针，隔一针将针插入半针，将第1行钩织到边上，对面一侧将剩下的半针挑针钩织。

②按照钩织图，钩织2~3行，钩织完成以后，剪掉线，收拾好。

③钩织鞋背，起针锁针，将绵羊图案钩进去，使用条纹钩织减针钩织20行，从反面开始的条纹钩织将钩针从前面插入，钩织完成以后，剪掉线，藏好线头。

④将外面一侧对在一起的2个鞋底和鞋背重叠到一起，将鞋背使用短针钩织缝上固定，钩织完成，剪掉线，藏好线头。

⑤脚后跟一侧使用短针钩织缝上固定，脚后跟中央位置12针的一针使用短针钩织钩入2针，钩织完成，剪掉线，藏好线头。

⑥穿鞋口使用人造毛的毛线缘编织，将鞋背起头针的半针用短针钩织钩入2针，钩织完成以后，剪掉线，藏好线头，完成。

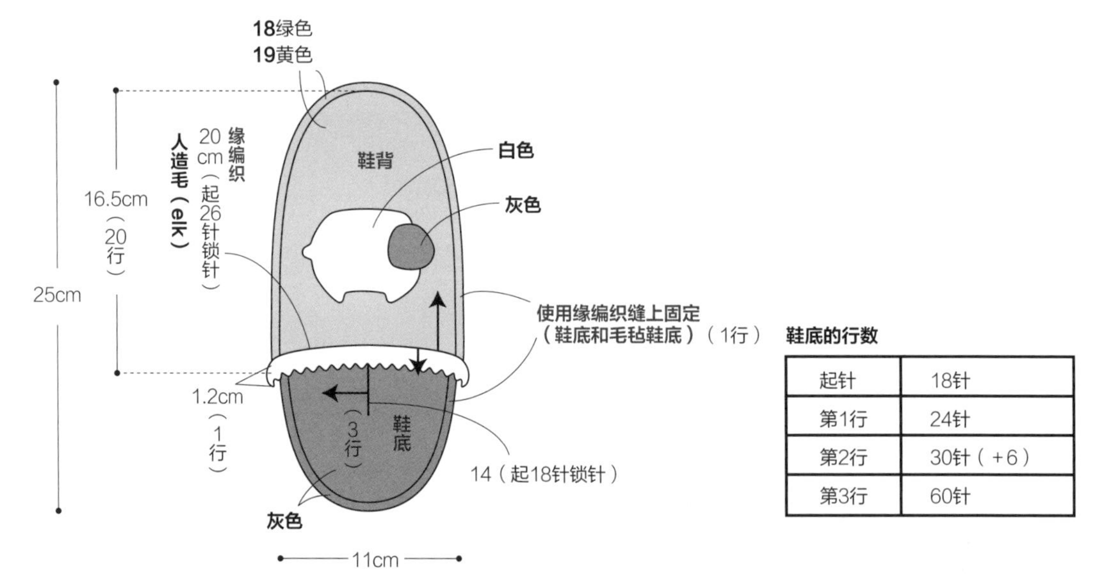

鞋底的行数

起针	18针
第1行	24针
第2行	30针（+6）
第3行	60针

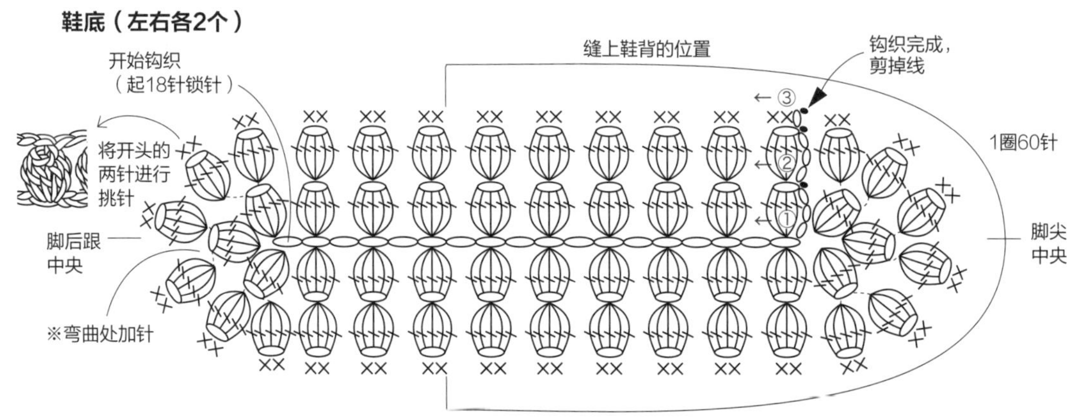

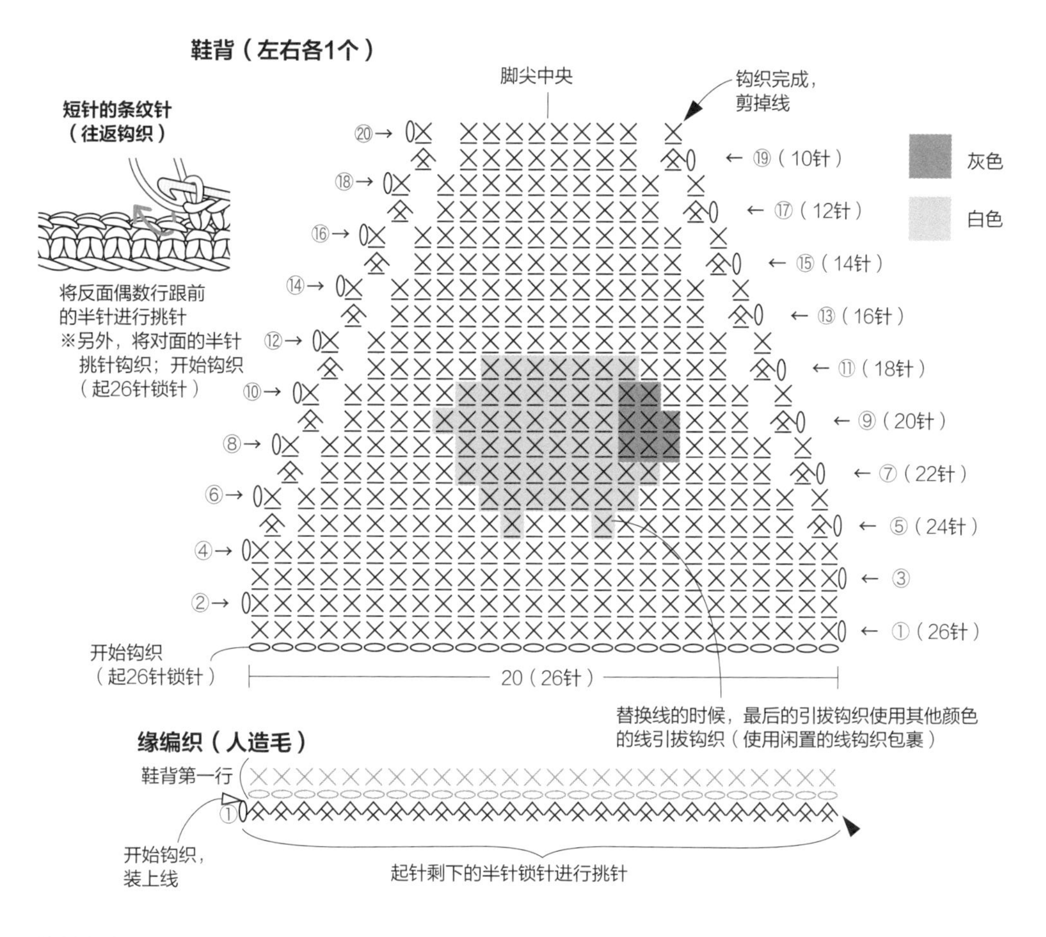

缝制方法

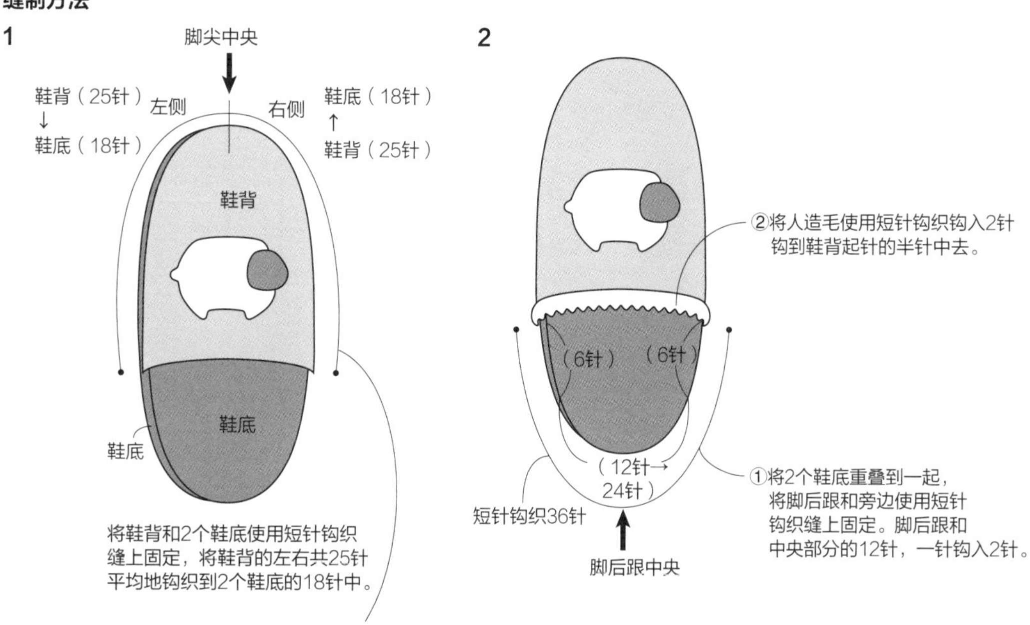

◯红圈圈住的鞋背部分的2针钩入鞋底（2个）的1针中去

（右侧）1 2 3 4 5 6 7 8 9 10 11 12 13 14 15 16 17 18 19 20 21 22 23 24 25

（左侧）1 2 3 4 5 6 7 8 9 10 11 12 13 14 15 16 17 18 19 20 21 22 23 24 25

P26 ········ 20 民俗风拖鞋

材料

DMC　缎带XL

驼色（801/33）100g

DMC　Woolly（羊毛制品）

红色（052）、黑色（02）、驼色（111）、白色（03）各25g

芯材：Hamanaka　塑料丝 H430-058（L）1个　适量手缝线

工具

钩针8/0号、10/0号、毛衣缝针、缝针

针数

短针钩织　12针 × 10行/10cm²

完成以后的尺寸

24cm

制作方法

※将塑料丝钩织包裹住的方法（Type A）请参照22页。

①钩织鞋底。使用锁针钩织起头针，将针插入半针，将塑料丝钩织包裹住的同时，将第1行一直钩织到边上。另外一侧使用剩下的半针进行拾针钩织。

②按照钩织图，两边加针钩织第2行，一行结束后进行引拔钩织，剪掉线，放置一边。（将塑料丝留出大约1~1.5cm剪掉）

③将第3、4行，分别装上线钩织包裹塑料丝的同时，按照钩织图钩织，一行最后进行引拔钩织，然后剪掉线，剪掉塑料丝。

④收拾好鞋底的线。为了让外面看不到塑料丝，将其钩织到针眼中去。

⑤钩织鞋背。做起头针，将针插入半针，钩织第1行。

⑥将2~21行的颜色替换的时候，两边减针按照钩织图钩织，剪掉线，收拾好线。

⑦进行缘编织，装上2根合成一股的线，将鞋背的26针起针进行挑针，钩织一行外钩短针并针钩织。剪掉线，收拾好线。

⑧将鞋底和鞋背重叠，使用2根合成一股的手缝线卷边缝合。

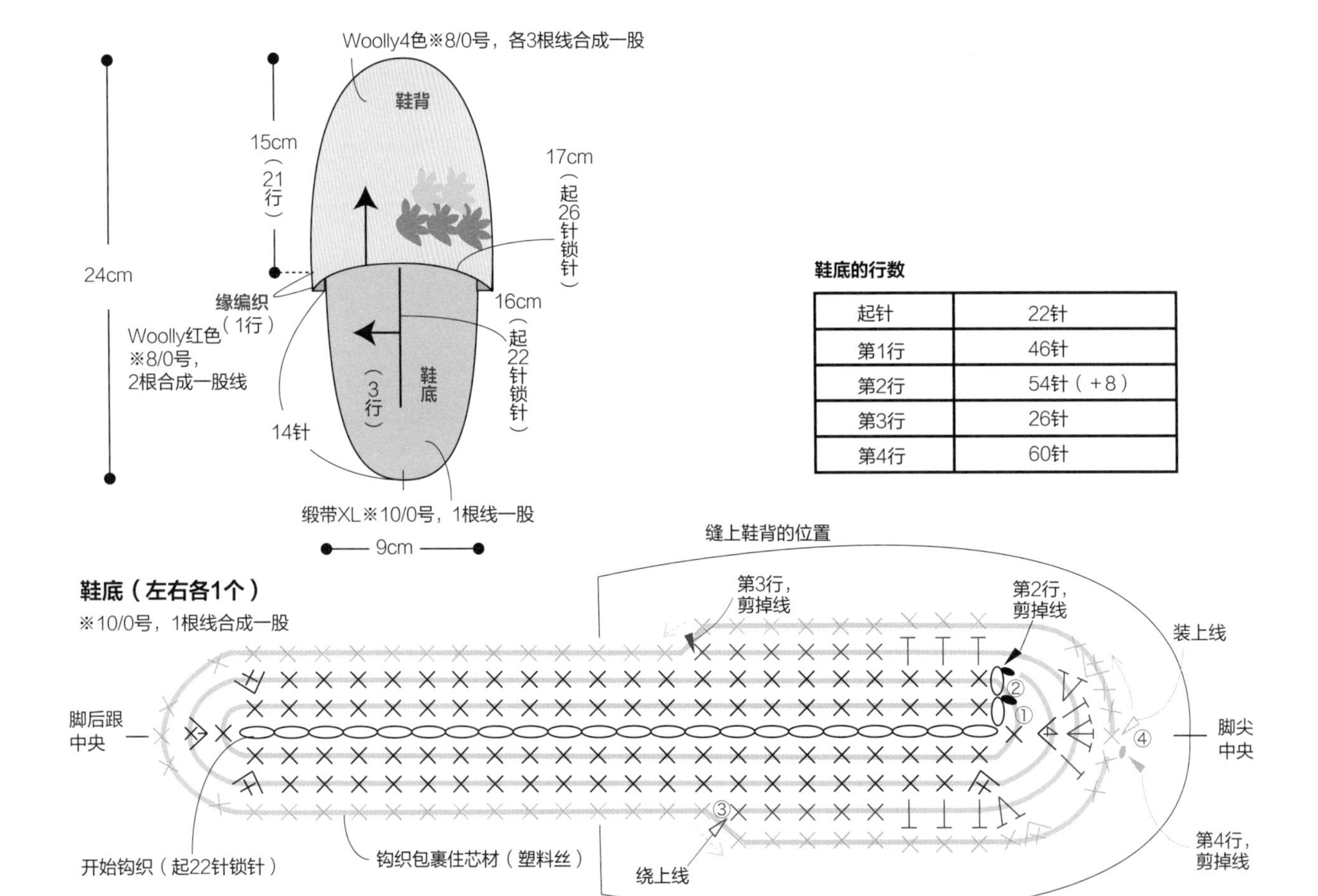

鞋底的行数

起针	22针
第1行	46针
第2行	54针（+8）
第3行	26针
第4行	60针

鞋背（左右各1个）

※8/0号，各个3根线合成一股（缘编织2根线合成一股）

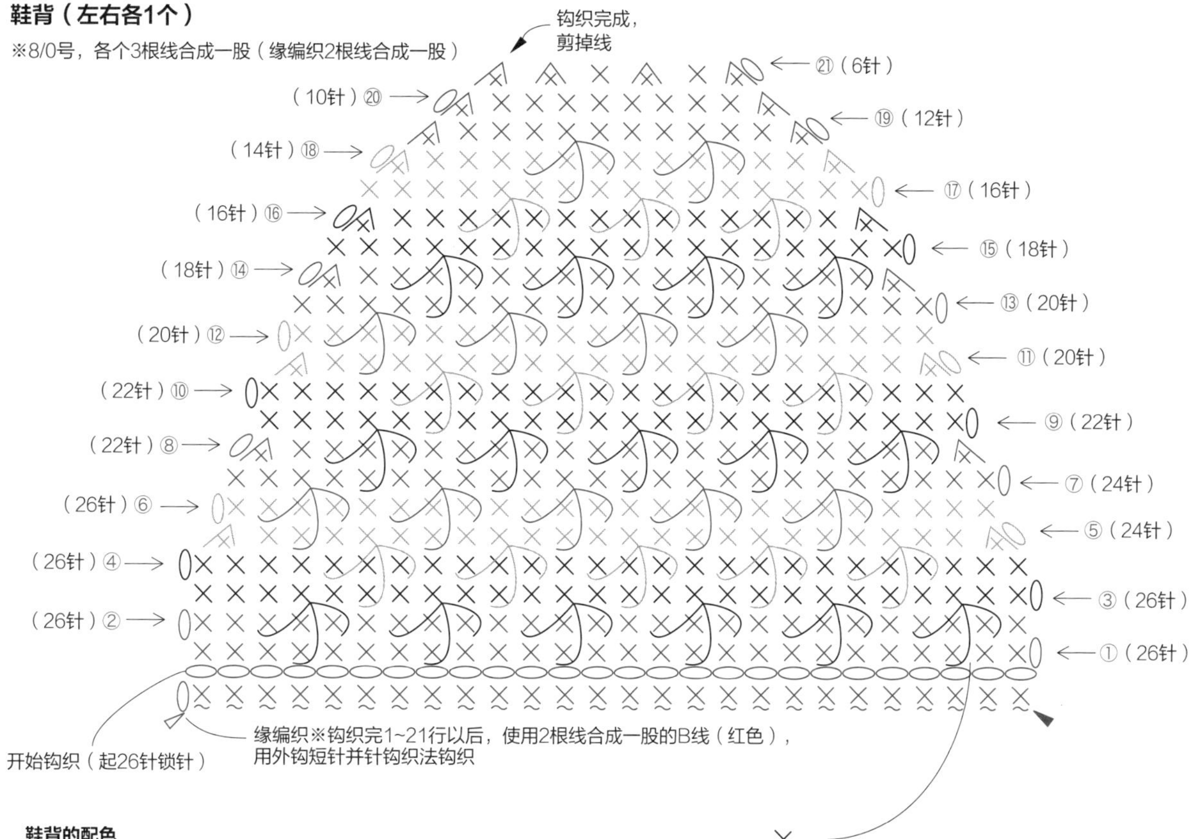

鞋背的配色

起针	红色（3根线合成一股）
第1~2行	红色（3根线合成一股）
第3~4行	黑色（3根线合成一股）
第5~6行	米色（1根线合成一股），白色（2根线合成一股）
第7~8行	红色（3根线合成一股）
第9~10行	黑色（3根线合成一股）
第11~12行	米色（1根线合成一股），白色（2根线合成一股）
第13~14行	红色（3根线合成一股）
第15~16行	黑色（3根线合成一股）
第17~18行	米色（1根线合成一股），白色（2根线合成一股）
第19~21行	红色（3根线合成一股）
缘编织	红色（2根线合成一股）

外钩短针并针
（外钩3针的情况）

将线穿到针上抽出，
在下1行靠右1针的短针处挑针
→ 下2行的短针钩织的1针进行挑针
→ 下1行的短针钩织从起针左面的针眼开始挑针
→ 将线抽出

缝制方法

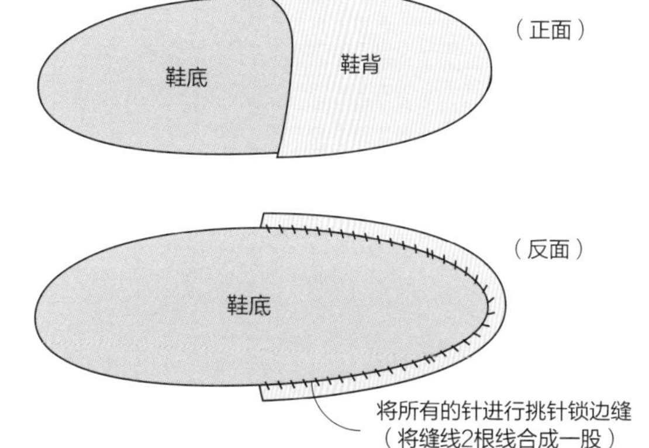

将鞋背重叠在鞋底上面，将鞋背边上的针眼和鞋底
第四行的短针钩织的每一针进行拾针，卷边缝合

P28 ……… 21 葡萄花样拖鞋

材料

Hamanaka　Exceed Wool 中粗线
橄榄绿色（321）74g
淡紫色（313）20g
紫色（314）20g
紫红色（341）34g
深红色（315）20g
黄绿色（350）5g
Hamanaka　毛毡鞋底
H204-594（23cm）1套

工具

钩针5/0号、6/0号、毛衣缝针

针数

花样钩织　20针×14行/10cm²

完成以后的尺寸

24cm

制作方法

※夹上毛毡鞋底的具体方法（Type C）请参照36页。

①钩织鞋底。使用锁针做起头针，将针插入半针，将第一行一直钩织到边上。反面一侧用剩下的半针进行挑针。
②按照钩织图，两边加针钩织第2~5行，钩织完成进行引拔钩织，剪掉线。
③将毛毡鞋底重叠到鞋底里面一侧，使用半回针缝缝上固定，准备鞋底正面一侧，夹上毛毡鞋底，将周围卷边缝，剪掉线，藏好线头，鞋底完成。
④钩织鞋背，从环的起针开始钩织，按照主题花样1~14的顺序，连接着钩织，钩织完成以后剪掉线，藏好线头。
⑤钩织叶子，将鞋背翻回反面，绕上线钩织，钩织完成以后，剪掉线，藏好线头。
⑥将鞋背的里侧冲向外面和鞋底冲的，卷边缝，藏好线头，完成。

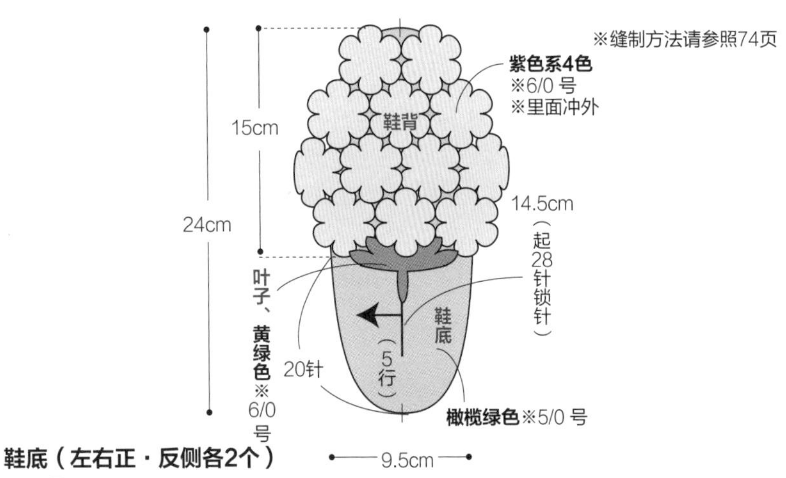

鞋底的行数

起针	28针
第1行	62针
第2行	74针（+12）
第3行	86针（+12）
第4行	100针（+14）
第5行	100针

鞋底（左右正・反侧各2个）
※5/0号
※和22杯形蛋糕(制作方法74页）相同

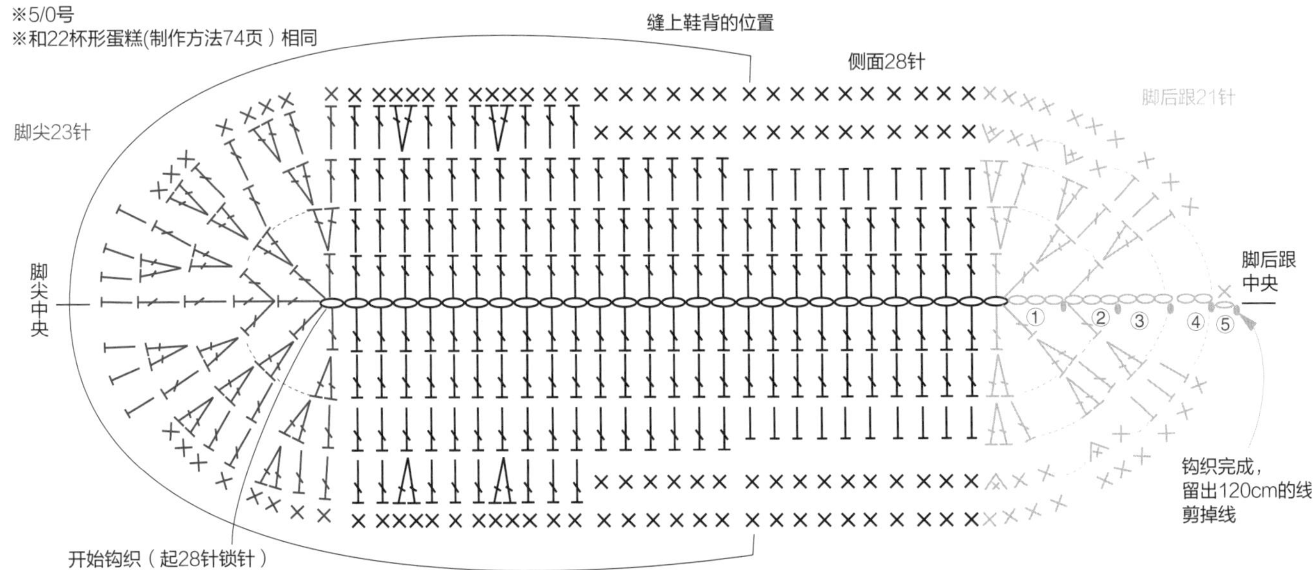

鞋背（左右各1个） ※6/0号 ※按照主题花样①～⑭的顺序钩织连接上

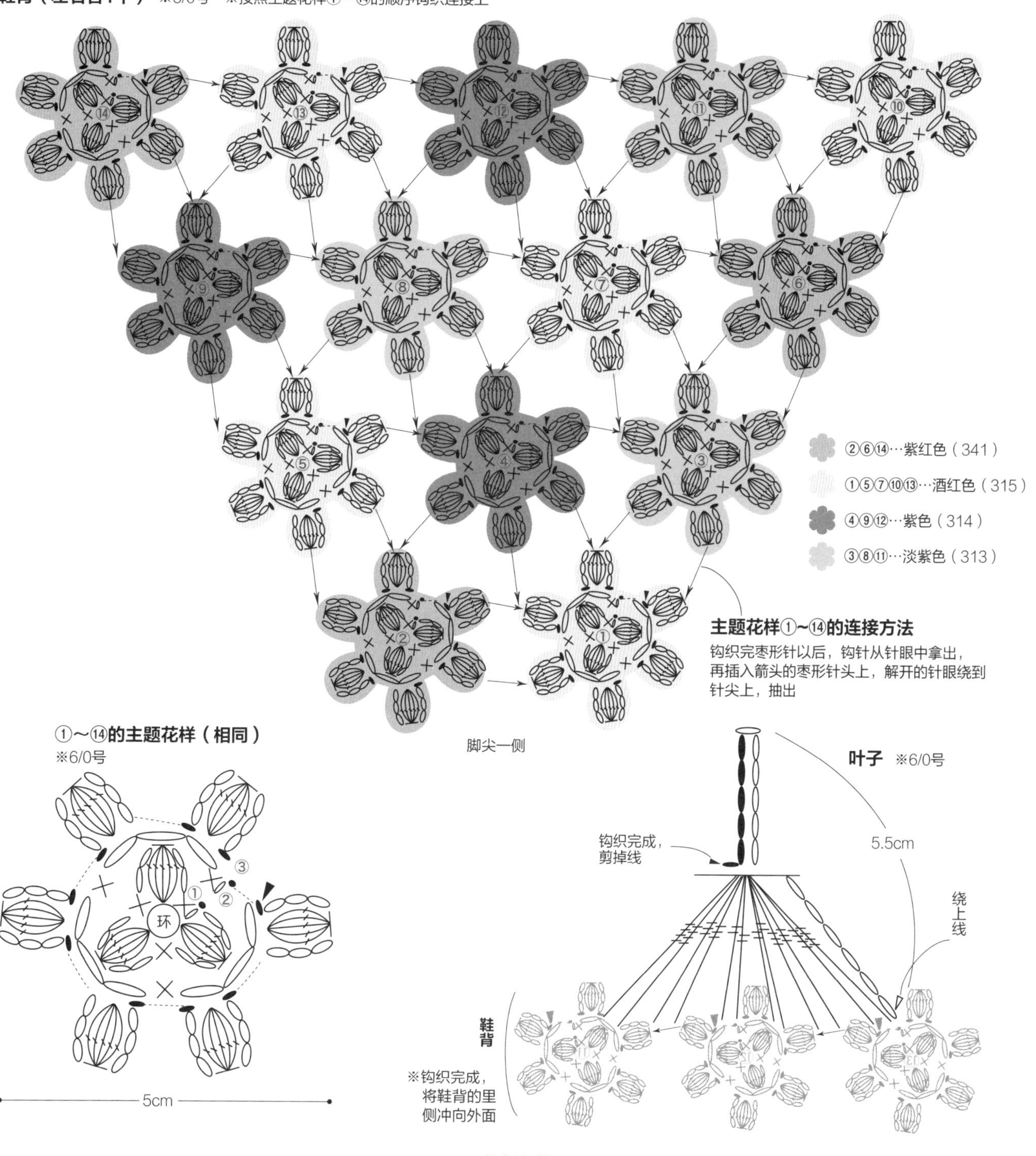

锁立针6针
→未完成的4卷长针钩织2根→未完成的长长针钩织2根
→未完成的长长针钩织2根→未完成的长长针钩织2根
→未完成的3卷长针钩织2根→未完成的4个卷长针钩织2根
→绕上线引拔钩织，所有针眼在最后一针进行引拔钩织（★）
→锁针5针→锁立针1针→引拔钩织5针，回到锁针
→将汇集到一起的长针钩织进行引拔钩织（★），剪掉线

P28 ……… 22 纸杯蛋糕花样拖鞋

材料
Hamanaka　Exceed Wool 中粗线
粉色（342）74g
深粉色（343）34g
茶色（333）12g
红色（335）8g
白色（301）7g
Hamanaka　毛毡鞋底
H204-594（23cm）1套
蜡线 20cm
工具
钩针5/0号、6/0号、毛衣缝针
针数
花样钩织　20针×10行（10cm²）
完成以后的尺寸
24cm

制作方法
※夹上毛毡底的详细制作方法（Type C）请参照36页。
①钩织鞋底。起28针锁针，将针插入半针，将第一行一直钩织到边上。另外一侧使用剩下的半针进行拾针钩织。
②按照钩织图，两边加针钩织第2~5行，钩织完成以后引拔钩织，剪掉线。
③将鞋底的里侧和毛毡鞋底重叠，使用半回缝缝上固定。准备鞋底正面，夹上毛毡鞋底，周围进行卷边缝，剪掉线。收拾好线，鞋底制作完成。
④钩织鞋背。使用锁针做，起33针锁针，将针插入反面，钩织第1行。
⑤按照钩织图钩织第2~6行，交换线，钩织第7~17行。钩织完成，剪掉线收拾好。
⑥将鞋背和鞋底重叠，使用鞋底相同颜色的线卷边缝。
⑦分别钩织鲜奶油、樱桃，缝到鞋背上面完成。

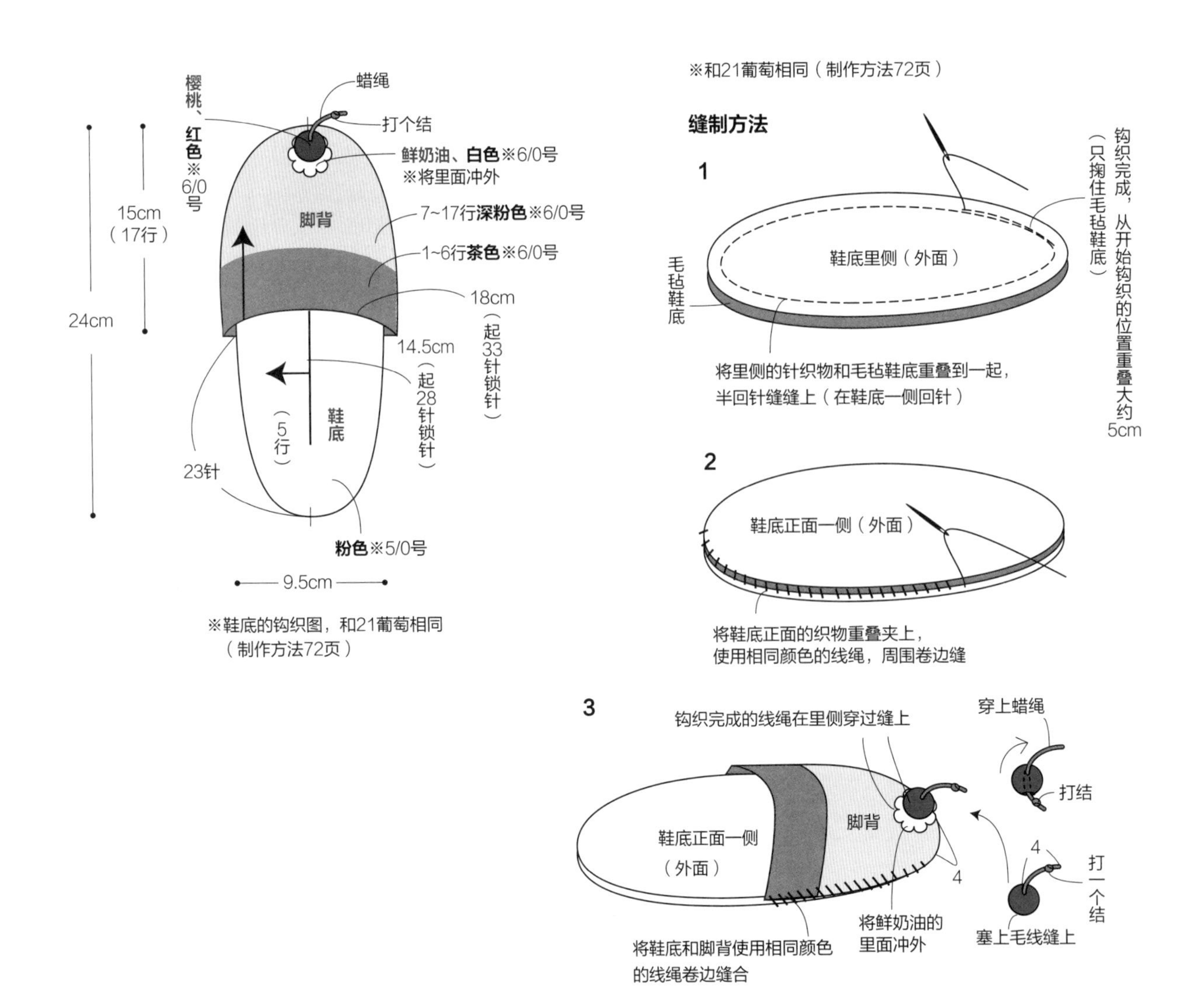

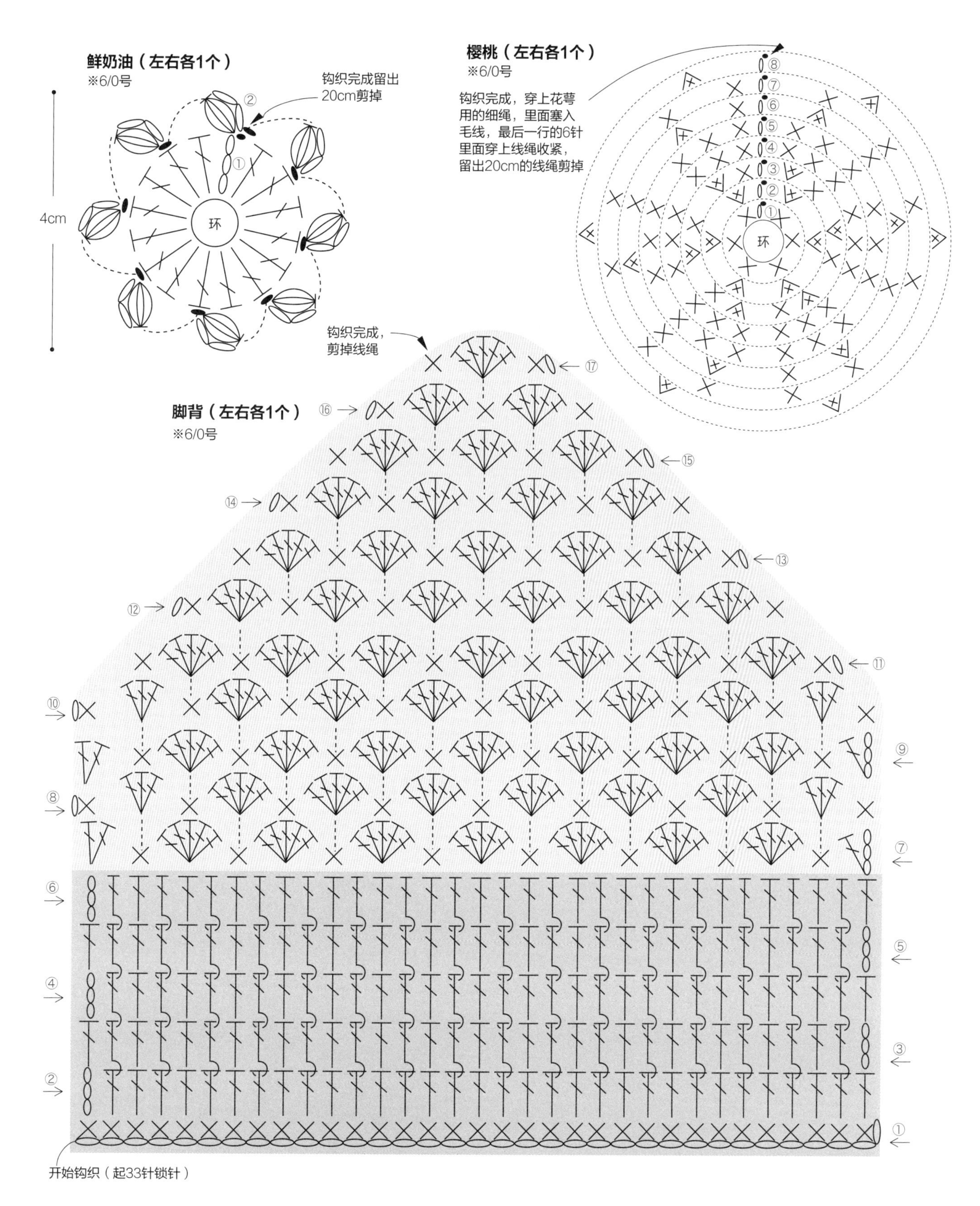
鲜奶油（左右各1个）
※6/0号
钩织完成留出
20cm剪掉
4cm
环
樱桃（左右各1个）
※6/0号
钩织完成，穿上花萼
用的细绳，里面塞入
毛线，最后一行的6针
里面穿上线绳收紧，
留出20cm的线绳剪掉
环
钩织完成，
剪掉线绳
脚背（左右各1个）
※6/0号
开始钩织（起33针锁针）

P30 ········ 23 阿伦花样带后跟拖鞋

材料
Puppy Morris
绿色（644）100g
Hamanaka　毛毡鞋底
H204–594（23cm）1套
工具
钩针7/0号、毛衣缝针
针数
花样钩织　15针×10行/10cm²
完成以后的尺寸
25cm

制作方法
①钩织鞋背。起9针锁针，将针插入背面，钩织第1行。
②按照钩织图，使用往返钩织钩织2~12行
③返回到织物，钩织第13行的右侧，使用往返钩织钩织到25行，剪掉线，收拾线。
④绕上线，钩织第13行的右侧，使用往返钩织钩织到25行，留些线剪掉，和右侧的脚后跟对到一起，在中央位置卷边缝。
⑤将针插入毛毡鞋底的孔中，钩一圈70针短针。
⑥将鞋背的织物重叠到外面，接着，一周使用短针钩织72针连接上。
⑦剪掉线收拾好线，完成。

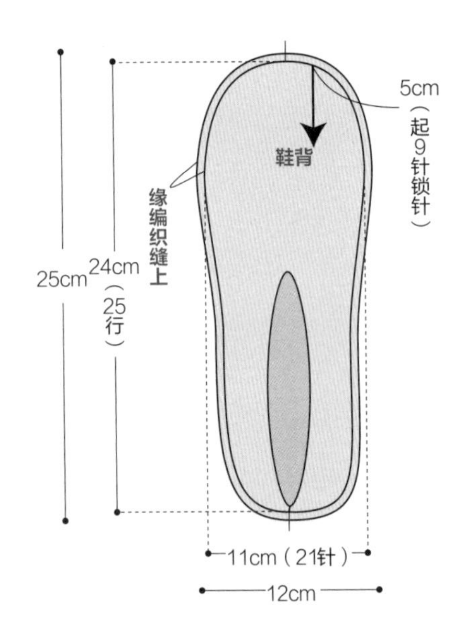

缝制方法

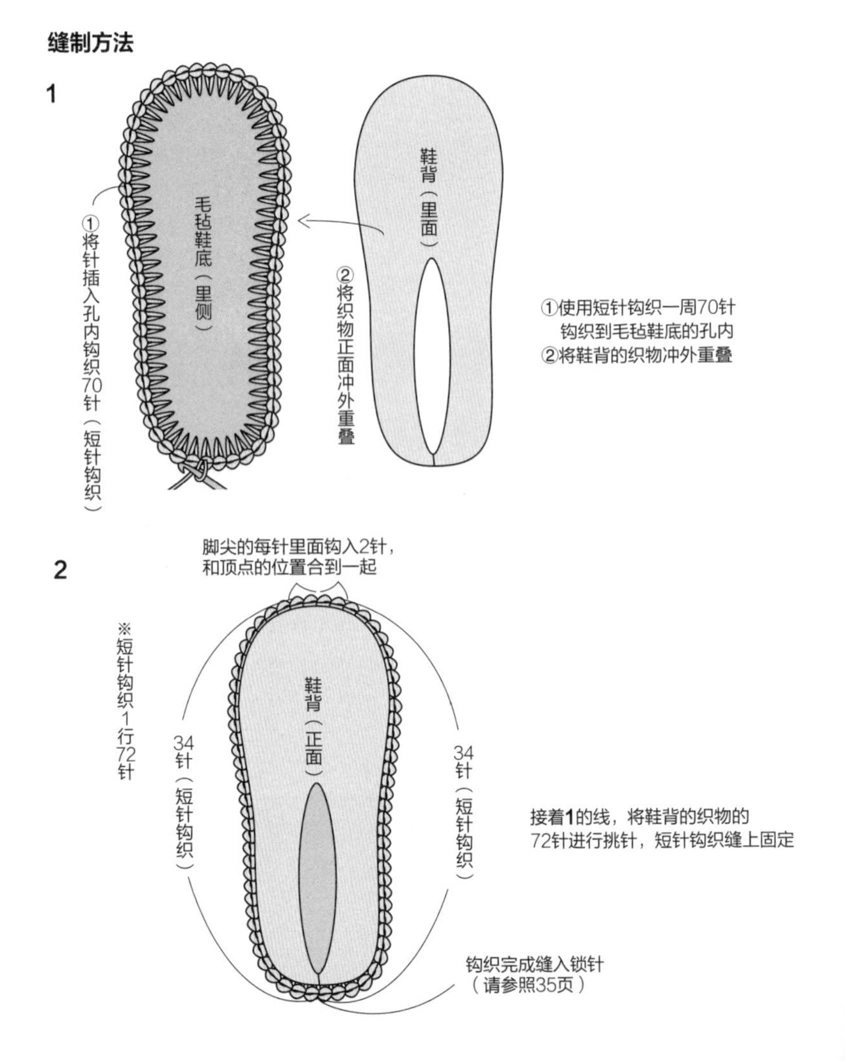

鞋背（左右各1个）

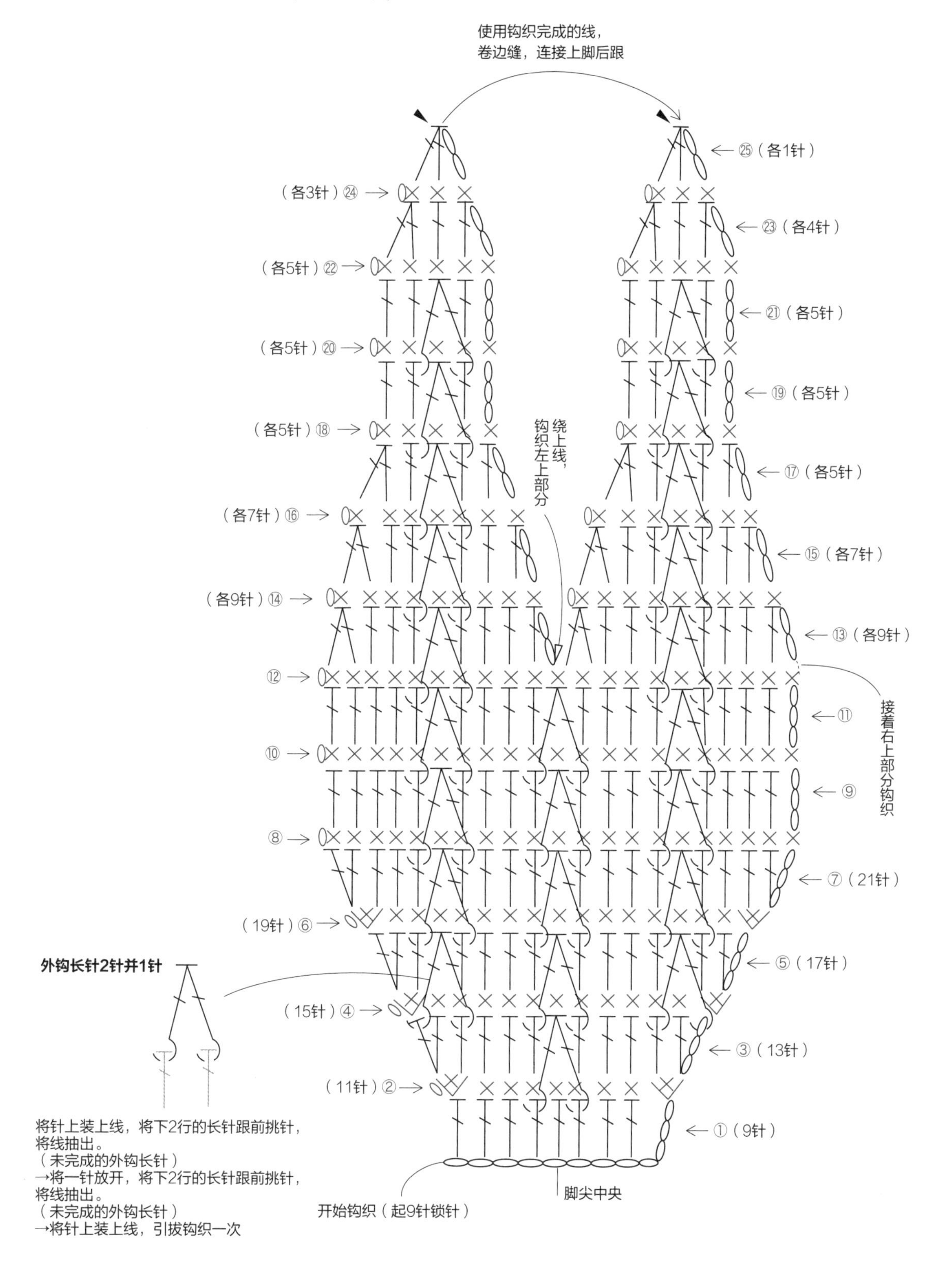

使用钩织完成的线，
卷边缝，连接上脚后跟
⑳（各1针）
（各3针）㉔
㉓（各4针）
（各5针）㉒
㉑（各5针）
（各5针）⑳
⑲（各5针）
（各5针）⑱
绕上线，
钩织左上部分
⑰（各5针）
（各7针）⑯
⑮（各7针）
（各9针）⑭
⑬（各9针）
⑫
⑪
接着右上部分钩织
⑩
⑨
⑧
⑦（21针）
（19针）⑥
⑤（17针）
（15针）④
③（13针）
（11针）②
①（9针）
脚尖中央
开始钩织（起9针锁针）
外钩长针2针并1针
将针上装上线，将下2行的长针跟前挑针，
将线抽出。
（未完成的外钩长针）
→将一针放开，将下2行的长针跟前挑针，
将线抽出。
（未完成的外钩长针）
→将针上装上线，引拔钩织一次

P30 ……… 24 镂空长筒袜

材料

Puppy Alpaca Fada

绿色（201）50g

灰色（181）50g

工具

钩针5/0号、毛衣缝针

针数

花样钩织 28.5针×12行/10cm²

完成以后的尺寸

29cm×14cm

制作方法

①使用锁针做起73针锁针，将针插入反面，将第一行钩织成圈。

②按照钩织图，每8行更换一次线，一直钩织到32行。

③然后进行缘编织。行末将线剪断，收拾好线头。

④绕上线，反面一侧进行缘编织。行末剪断线，收拾好。

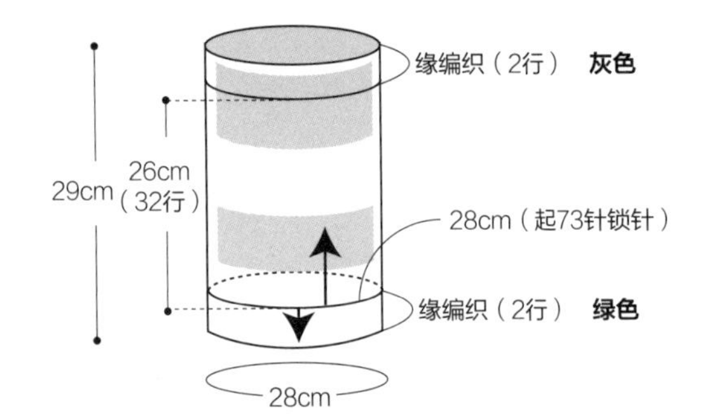

配色

起针	绿色
第1~8行	绿色
第9~16行	灰色
第17~24行	绿色
第25~32行	灰色
上部分缘编织	灰色
下部分缘编织	绿色

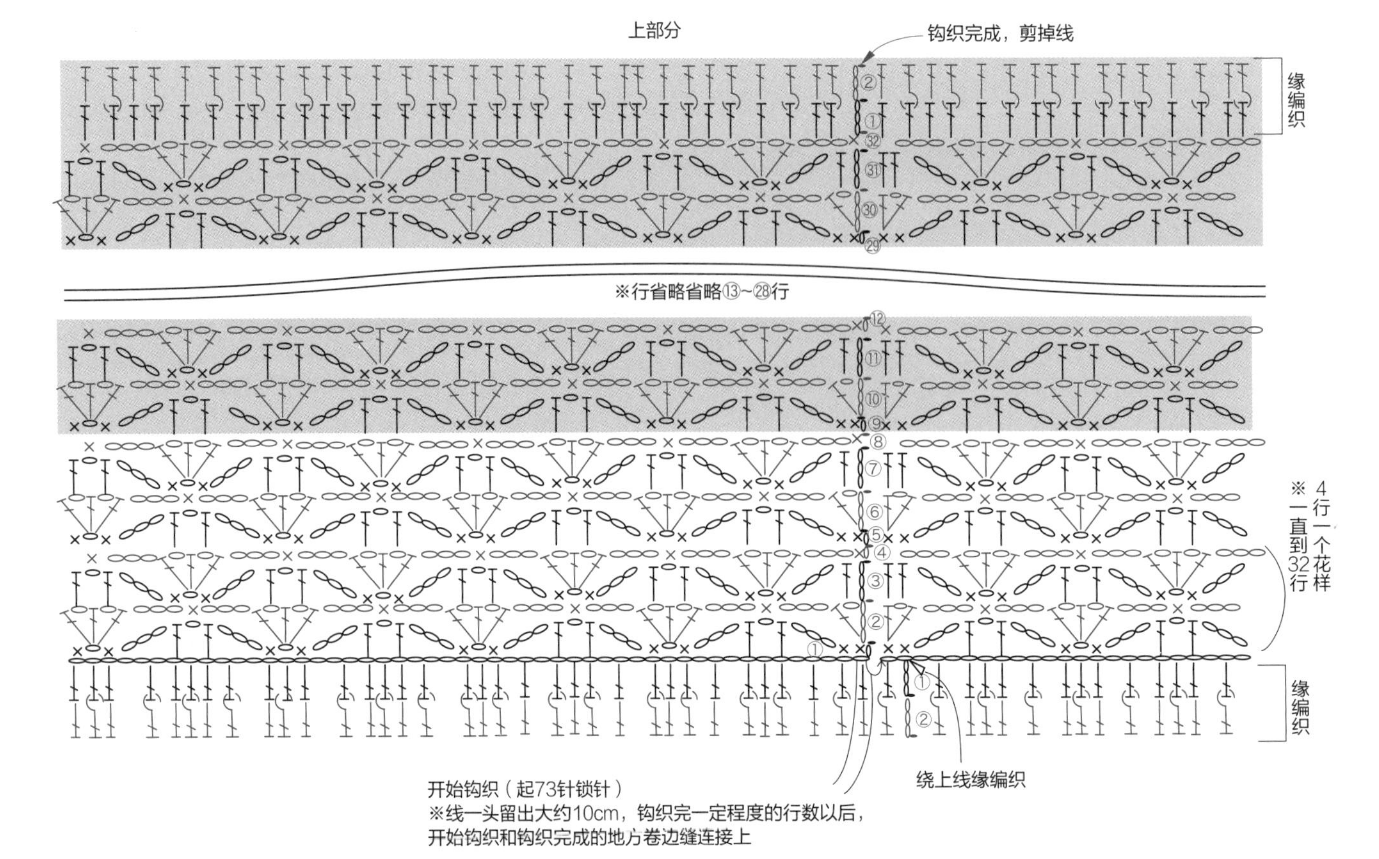

P31 ·········· 25 罗纹花样长筒袜

材料

Puppy Seta Tweed毛花呢

混合色（706）80g

工具

钩针10/0号、毛衣缝针

针数

花样钩织　16针×12.5行（10cm²）

完成以后的尺寸

22cm×12.5cm

制作方法

①起35针锁针，将针插入背面，钩织第1行。

②返回到织物，按照钩织图，钩织第1~32行。

③接着，引拔钩织接上，缝成环。剪掉线，收拾好。

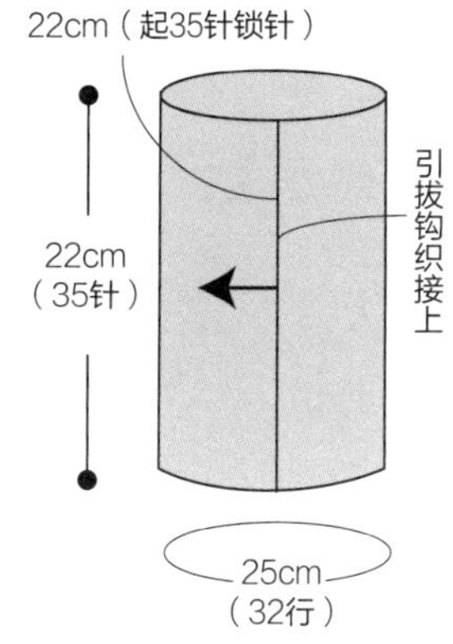

侧面

※省略㉑~㉖行

※省略⑧~⑮行

开始钩织（起35针锁针）

钩织完成，剪断线

使用钩织完成的线，接着引拔钩织接上，连接成环

第30行开始继续

P33 ……… 26 鹦鹉便携拖鞋

材料

Ski毛线 Ski Primo Tall

灰色段染（4109）100g

Ski毛线 Ski Score

黄色（23）30g、藏蓝色（14）30g

驼色（2）适量

芯材：腈纶细麻绳 白色（4mm）30g

工具

钩针3/0号、7/0号、9/0号、毛衣缝针

针数

短针钩织　14针×11行/10cm²

完成以后的尺寸

26cm

制作方法

※将细麻绳钩织包裹上的方法（Type B），请参照35页。

①钩织鞋底。起24针锁针，将针插入半针，将细麻绳钩织包裹的同时一直钩织到边上，对面一侧将针插入剩下的半针，钩织第1行。

②按照钩织图，两边加针钩织到第6行，钩织完成以后进行引拔钩织，剪掉线和细麻绳。藏好线头开始钩织的细麻绳和线。

③钩织鞋背。起10针锁针，将针插入背面，钩织第1行。

④使用往返钩织，按照钩织图钩织2~7行。

⑤将鞋背正面叠到里面和鞋底重叠到一起卷边缝合，然后翻回正面。

⑥在鞋背上面刺绣上容颜，缝上流苏。

⑦钩织荷包。起25针锁针，将针插入半针和反面，一直钩织到边上，将针插入对侧半针，钩织第1行。

⑧按照钩织图，一直钩织到第19行，从两侧穿入腈纶细麻绳，完成。

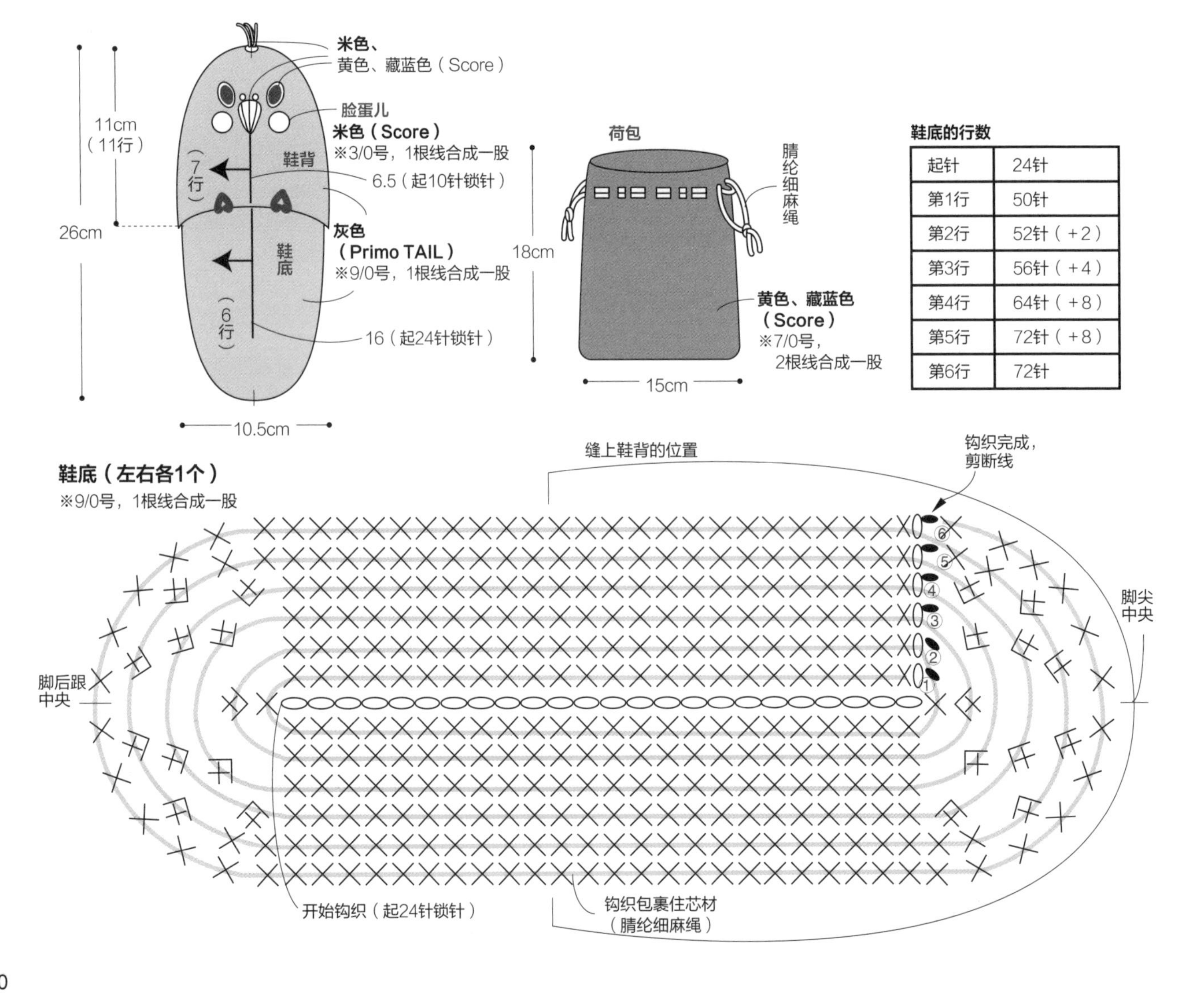

鞋底的行数

起针	24针
第1行	50针
第2行	52针（+2）
第3行	56针（+4）
第4行	64针（+8）
第5行	72针（+8）
第6行	72针

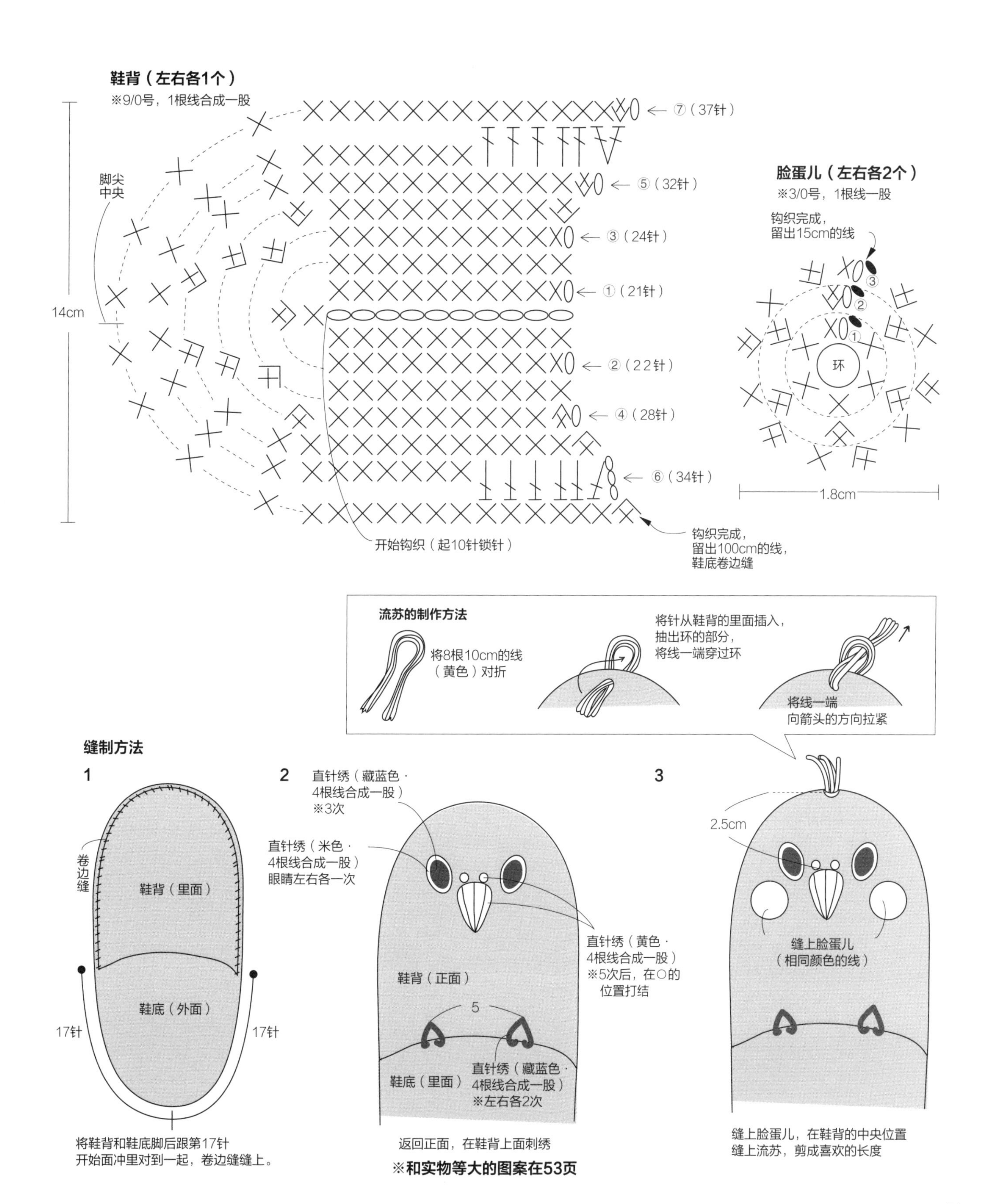

※和实物等大的图案在53页

荷包（1个）

※7/0号，黄色和藏蓝色2根线合成一股

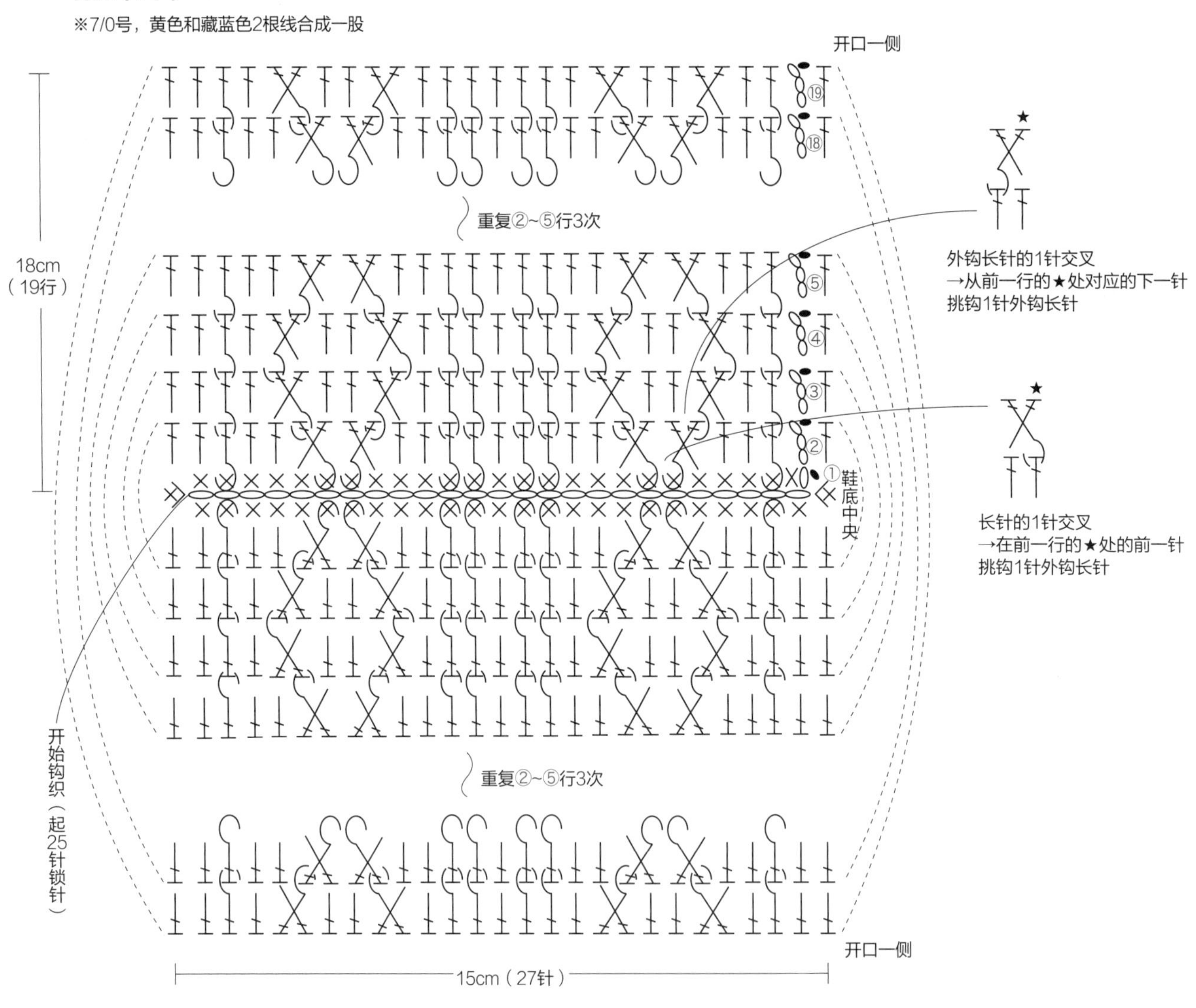

缝制方法

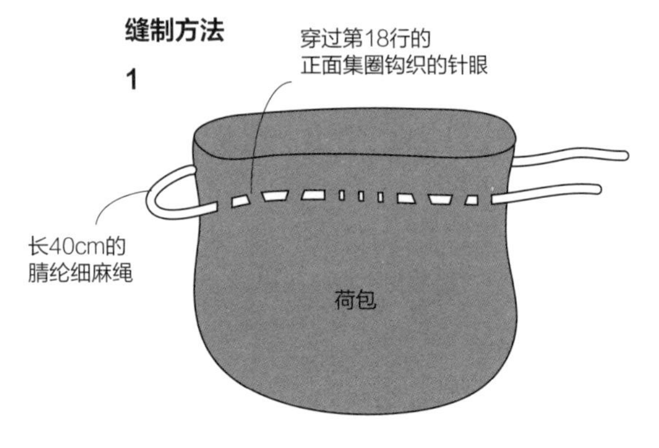

将细麻绳穿过第18行的外钩长针钩织的内侧一周

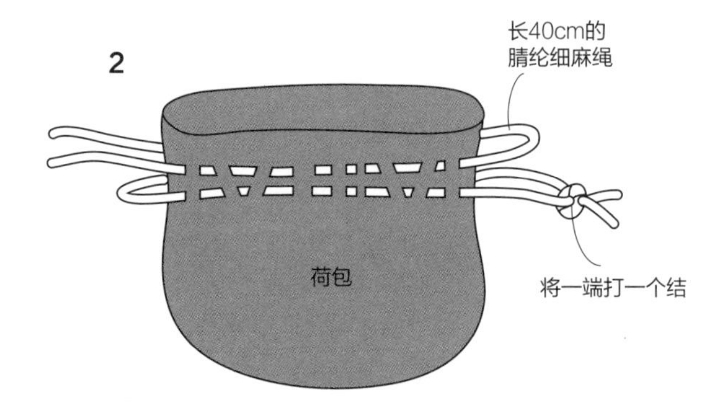

将另外一根细麻绳反方向穿过一周，
将线头一端连接到一起

钩针钩织的基础知识

持针和带线的方法

（右手）

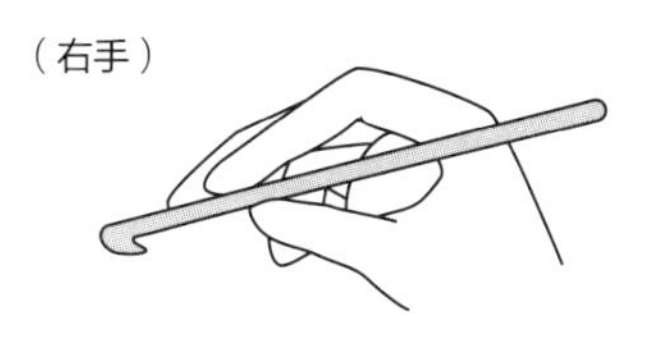

用右手大拇指和食指握住钩针。

（左手）

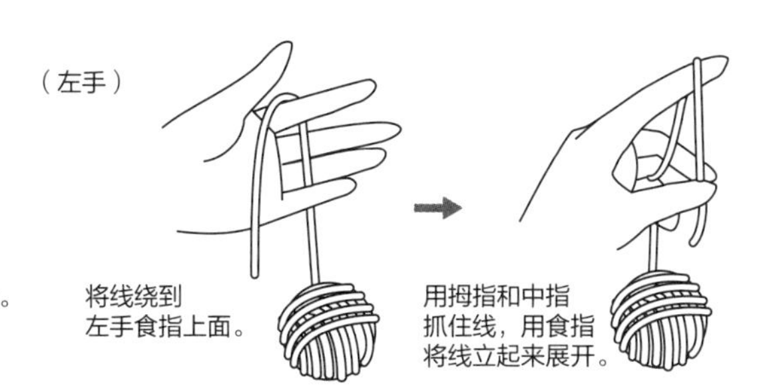

将线绕到左手食指上面。

用拇指和中指抓住线，用食指将线立起来展开。

锁针各部分的名称

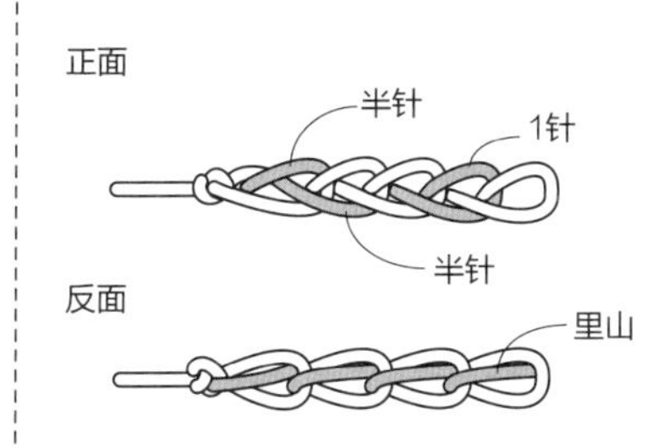

锁针起针

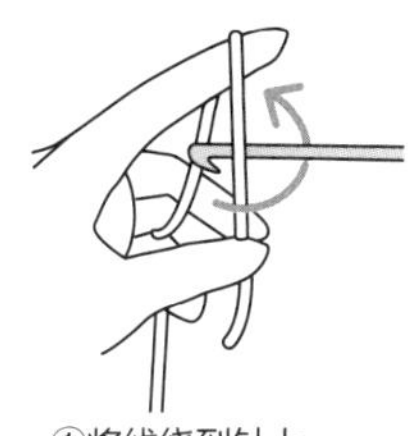

①将线绕到针上。

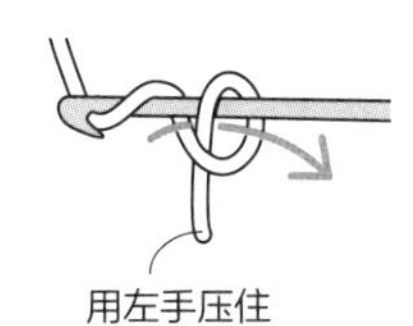

②再次绕上线以后抽出。

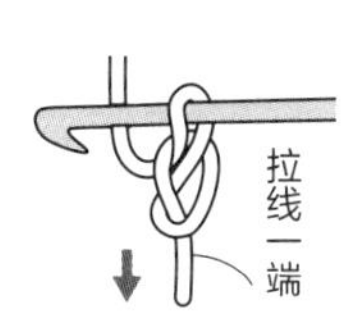

③做最初的针
※起针的针数里面不包括这一针。

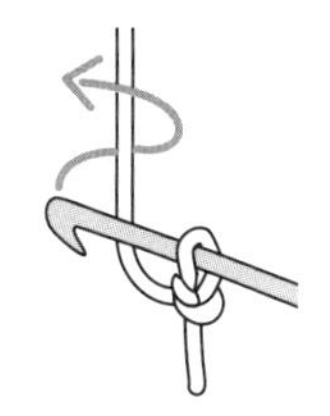

④绕上线。

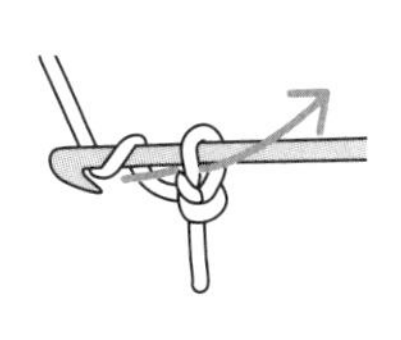

⑤将线抽出，钩织1针锁针。

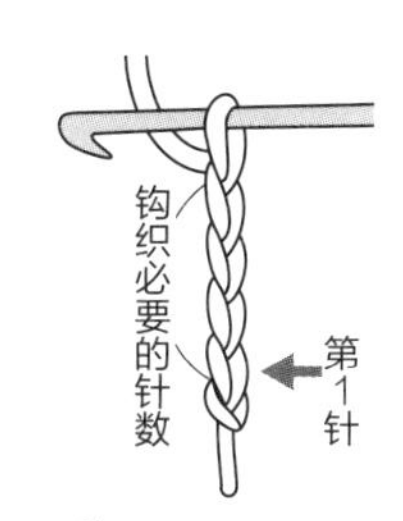

环形起针

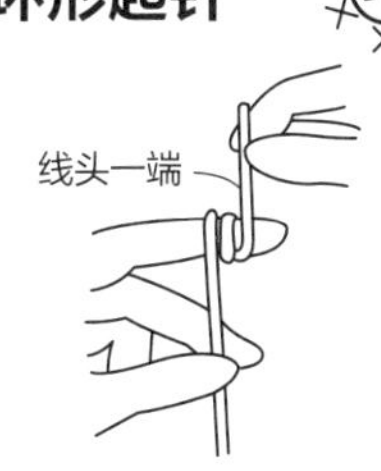

①将左手的食指上轻轻地绕上2圈线。

② 针上挂线引拔。

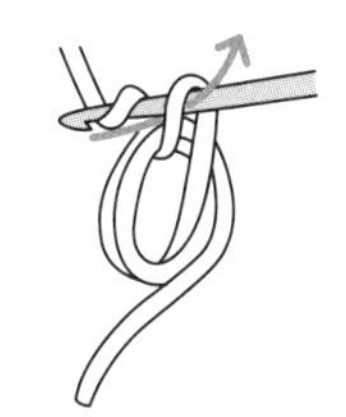

③绕上线紧紧地引拔钩织。
※这一针不算

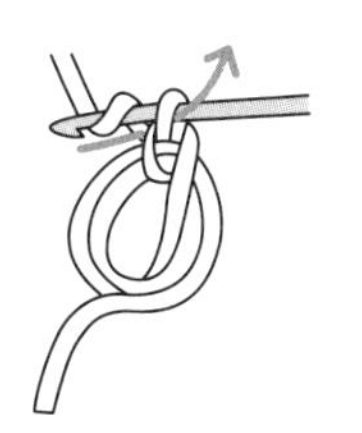

④钩织1针锁立针。

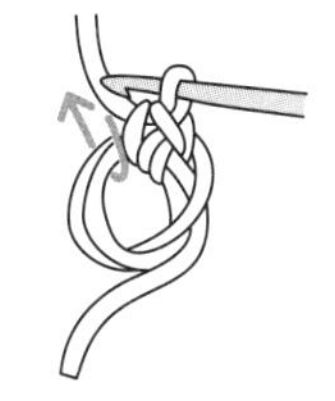

⑤往2根线中钩入必要的针数。

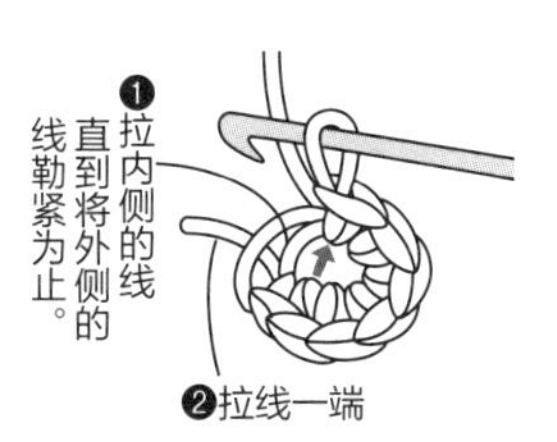

⑥拉紧线圈。

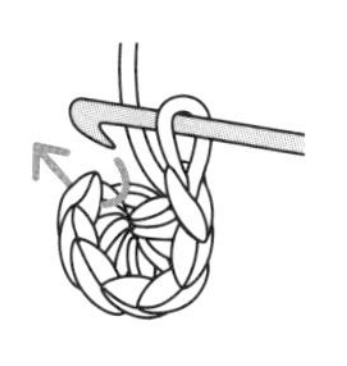

⑦将针插入第1针的两根线，引拔钩织，第1行完成。

环形针

①用锁针起针，将针插入第1针的半折和背面，将线引拔钩织。

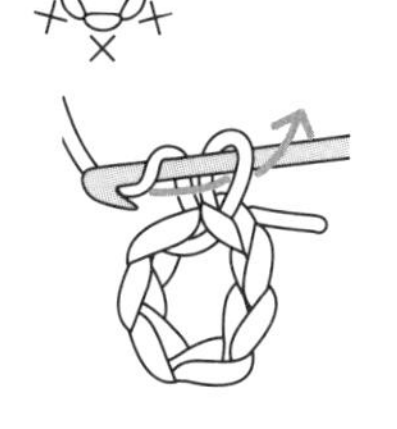

②环完成以后，绕上线引拔钩织，钩织1针锁立针。

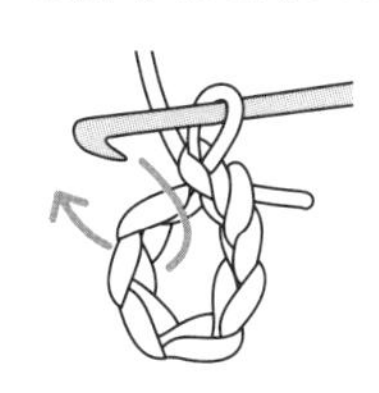

③将针插入环里面，钩入必要的针数。
※钩织包裹住线一端

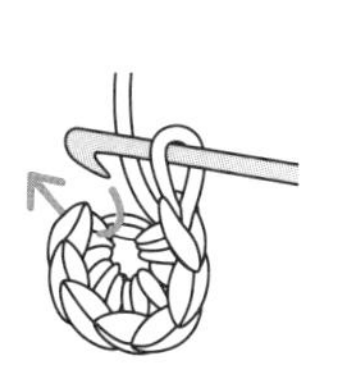

④将针插入第1针的两根线，引拔钩织，第1行完成。

每行，开始钩织的时候使用锁针钩织出针眼的高度。
对于锁立针来说，根据针眼的种类不同，锁针钩织的针数会有变化。

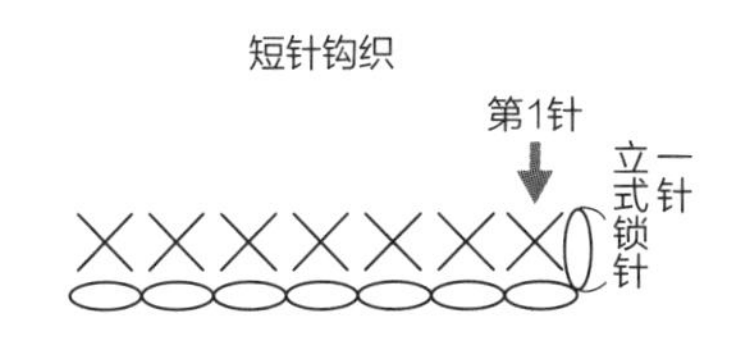

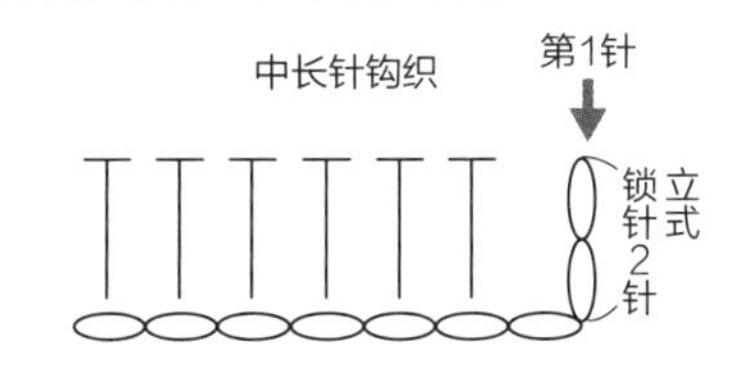

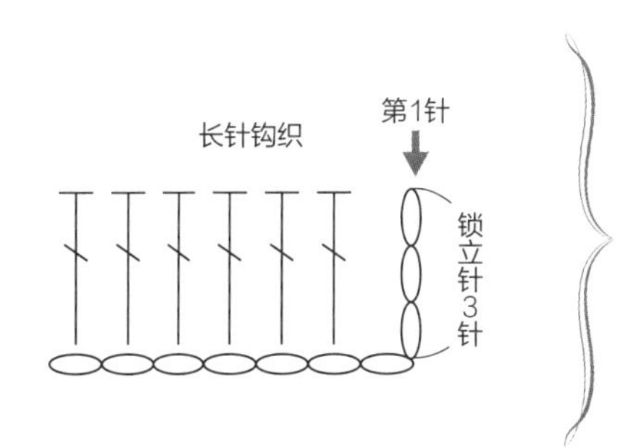

※短针钩织的情况锁立针1针不算入针眼。此外的锁立针算入针眼的一针。

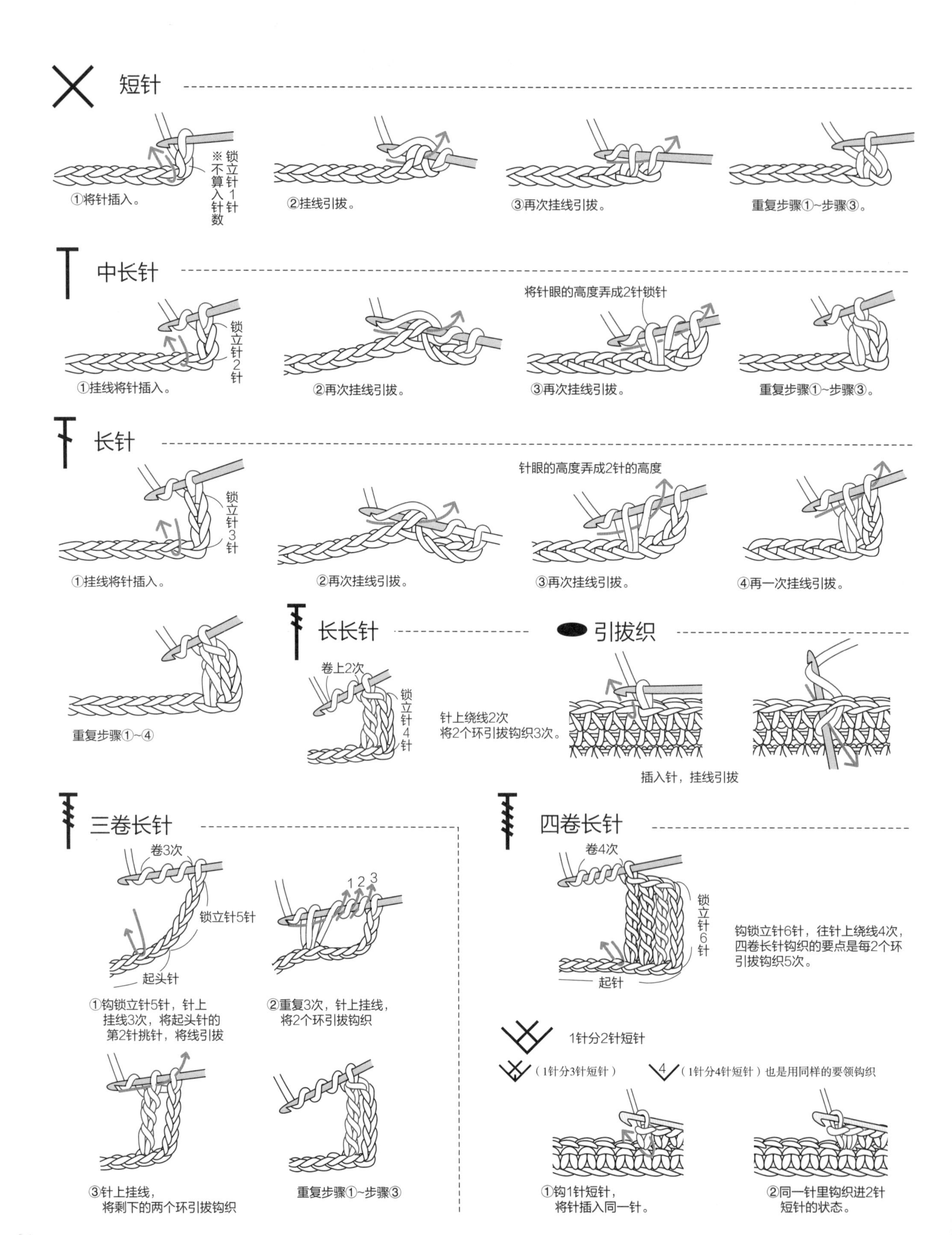
短针
※锁立针1针不算入针数
①将针插入。
②挂线引拔。
③再次挂线引拔。
重复步骤①~步骤③。
中长针
锁立针2针
将针眼的高度弄成2针锁针
①挂线将针插入。
②再次挂线引拔。
③再次挂线引拔。
重复步骤①~步骤③。
长针
锁立针3针
针眼的高度弄成2针的高度
①挂线将针插入。
②再次挂线引拔。
③再次挂线引拔。
④再一次挂线引拔。
重复步骤①~④
长长针
卷上2次
锁立针4针
针上绕线2次
将2个环引拔钩织3次。
引拔织
插入针，挂线引拔
三卷长针
卷3次
锁立针5针
起头针
①钩锁立针5针，针上挂线3次，将起头针的第2针挑针，将线引拔
1 2 3
②重复3次，针上挂线，将2个环引拔钩织
③针上挂线，将剩下的两个环引拔钩织
重复步骤①~步骤③
四卷长针
卷4次
锁立针6针
起针
钩锁立针6针，往针上绕线4次，四卷长针钩织的要点是每2个环引拔钩织5次。
1针分2针短针
（1针分3针短针）
4
（1针分4针短针）也是用同样的要领钩织
①钩1针短针，将针插入同一针。
②同一针里钩织进2针短针的状态。

1针分2针中长针

加针2针以上的情况，使用同样的要点钩织

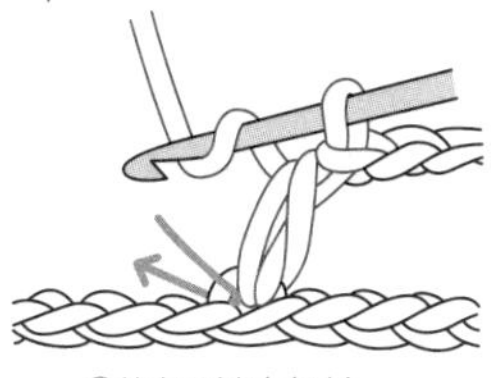

①钩织1针中长针。

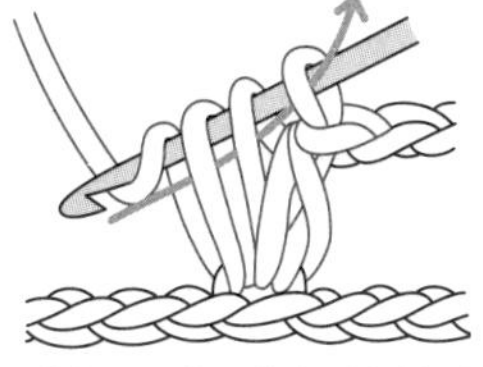

②在同一针上钩织1针中长针。

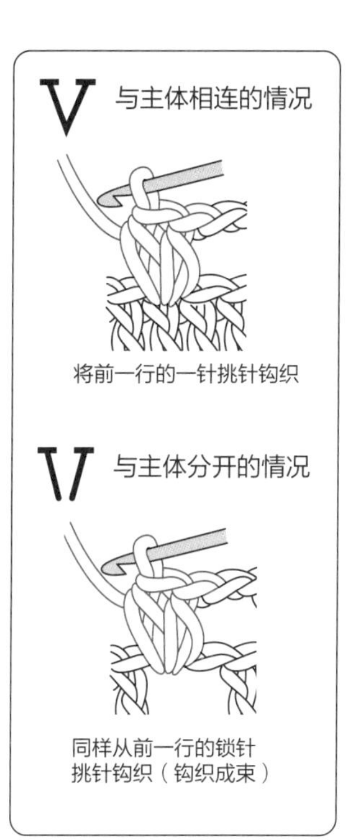

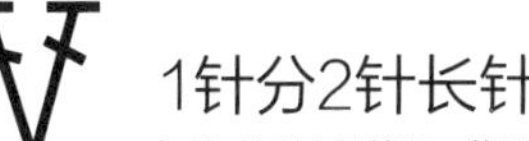

1针分2针长针

加针2针以上的情况，使用同样的要点钩织

①1针长针钩织，
将针上绕线，
将针插入同一针上。

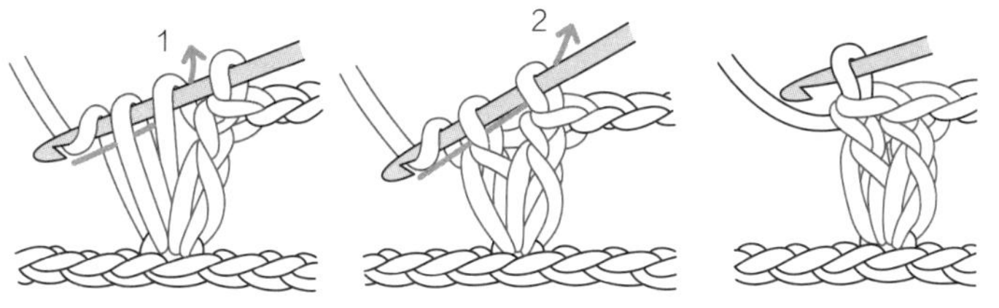

②抽出线，钩织1针长针。

短针2针并1针

减针2针以上的情况，也要使用同样的要点进行钩织

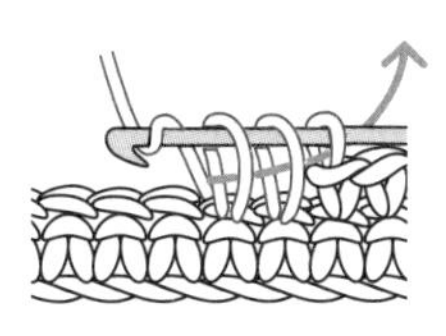

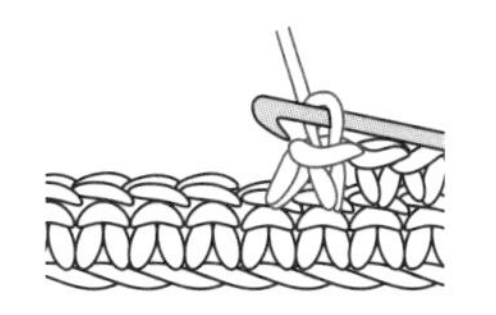

针上绕线引拔（未完成的短针），从另外一针开始。
也将线引拔（未完成的短针），然后再绕线引拔。

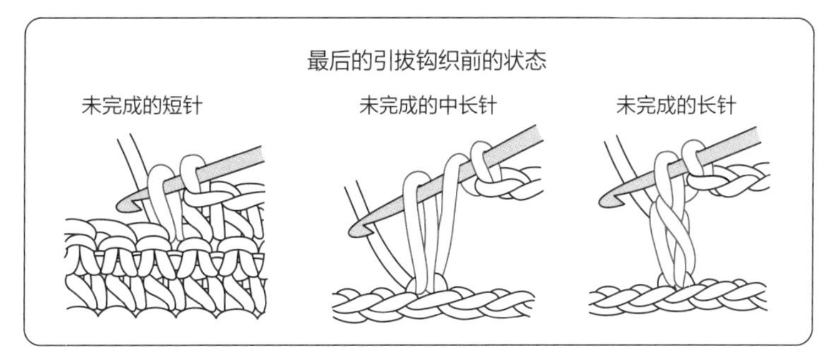

中长针2针并1针

减针2针以上的情况，使用同样的要点进行钩织

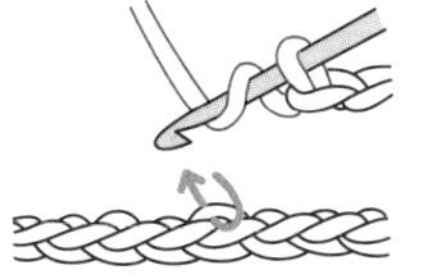

①针上绕线，钩织
未完成的中长针。

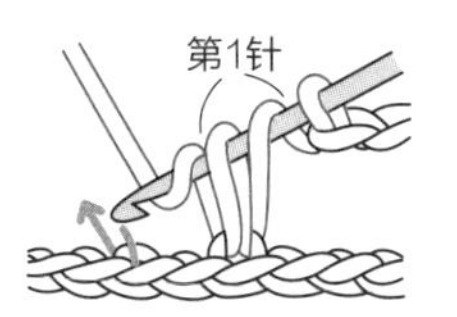

②为了不让第1针的环变短，
钩织未完成的中长针。

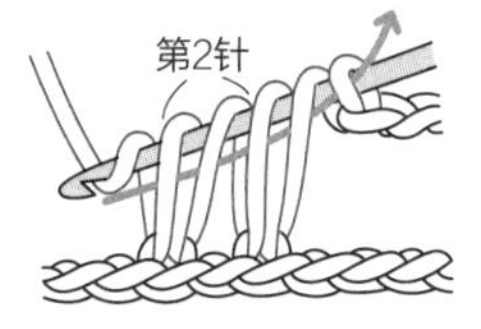

③第1针和第2针的高度一样，
将针上绕线，把全部的环
一起进行引拔钩织。

长针2针并1针

减针2针以上的情况，使用同样的要点进行钩织

①在针上绕线，
插入针然后引拔。

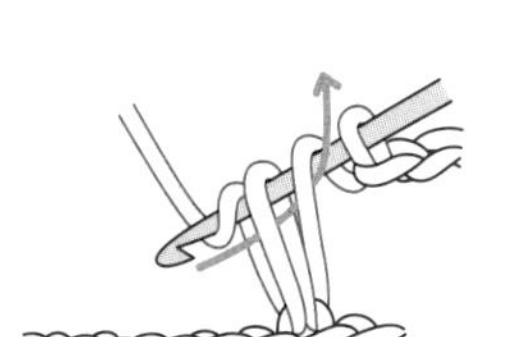

②在针上绕线，
钩织未完成的长针。

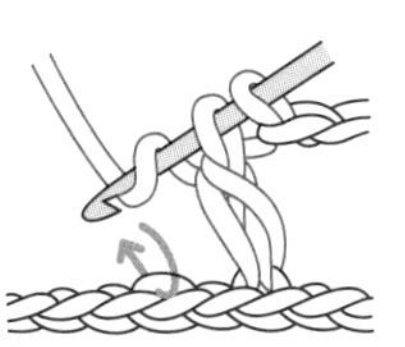

③在针上绕线，和步骤①
一样同样将线引拔。

④钩织未完成的长针，
和第1针的高度相同。

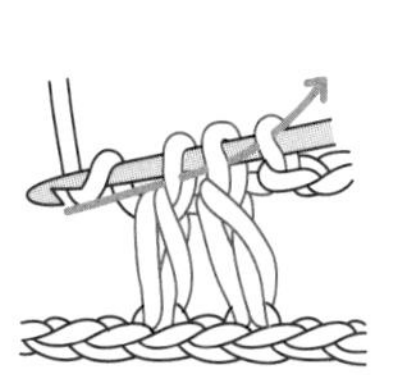

⑤在针上绕线，把全部
的环一起进行引拔。

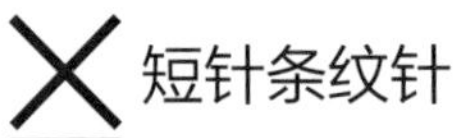

短针条纹针

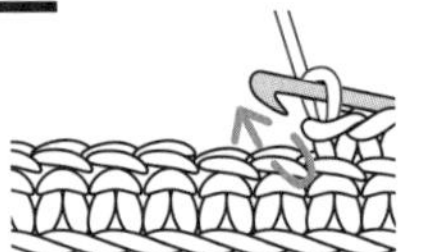

①在对面一侧的半针入针。

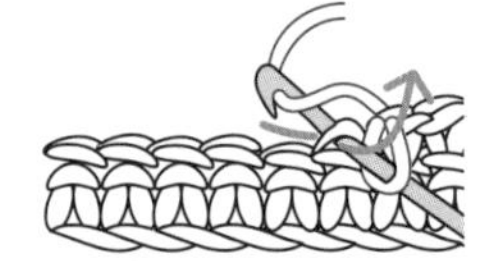

②挂线引拔。

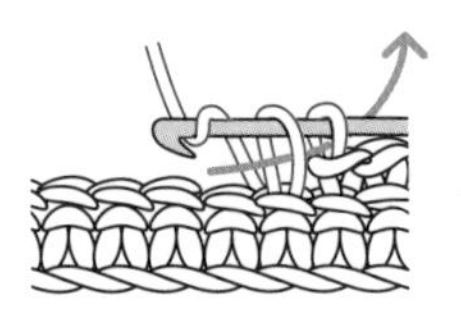

③再次挂线引拔。

长针条纹针

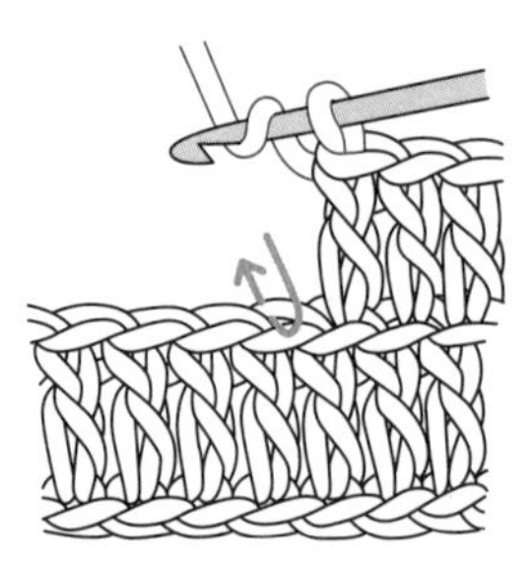

①在针上绕线，仅仅将前一行锁针对面的半针挑针。

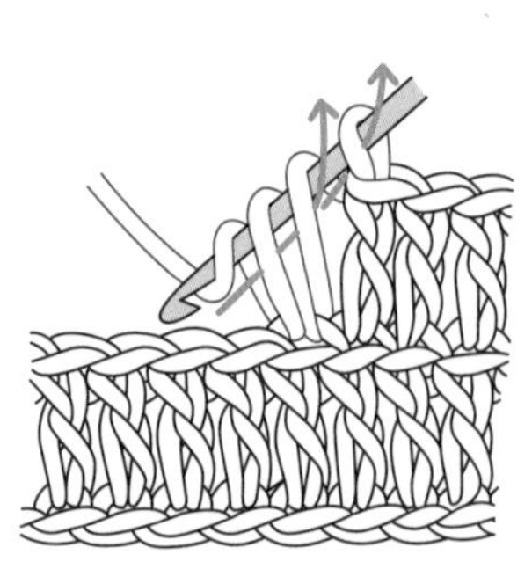

②在针上绕线引拔，钩长针。

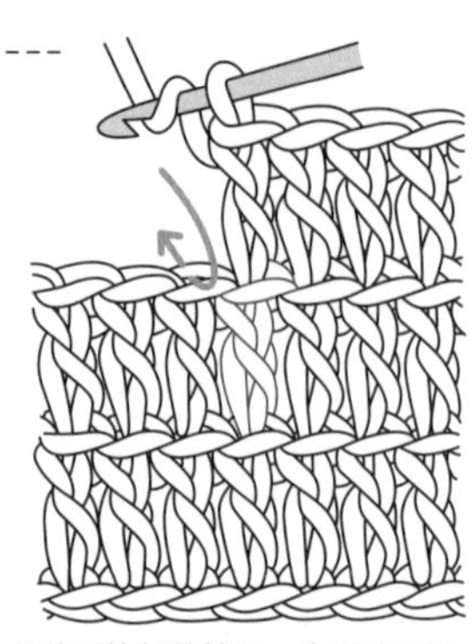

※往返钩织的情况，为了使正面的条纹有立体感，将前一行锁针的半针进行挑针。

◆换线方法（每行替换的情况）

在一行结束的最后
将暂时没有用的
下一行的线
绕上引拔钩织，
替换线

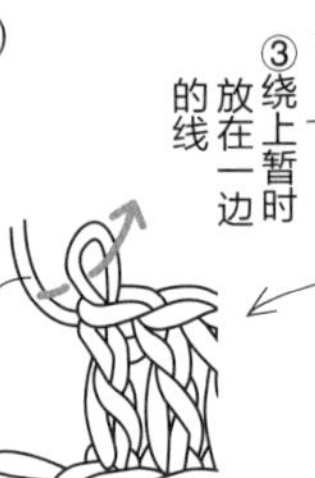

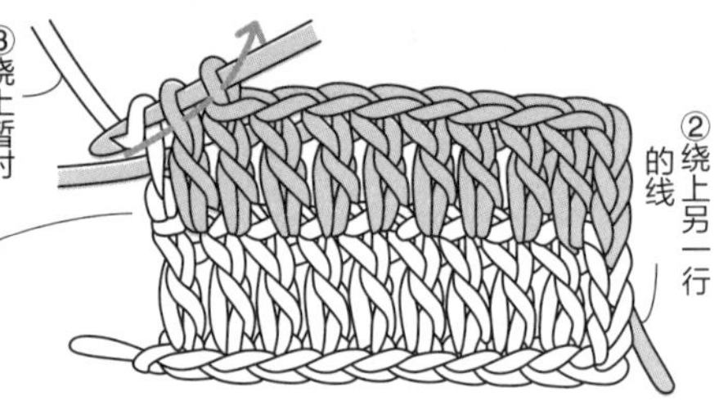

逆短针钩织

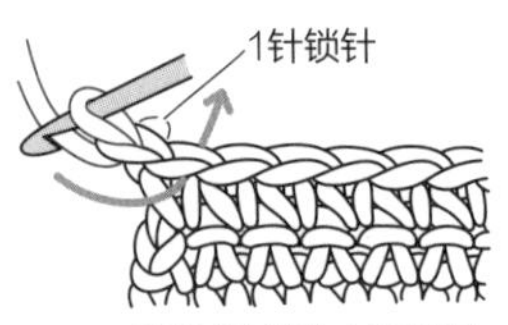

①在1针锁针上面钩织1针锁立针，将针转回逆向钩织。

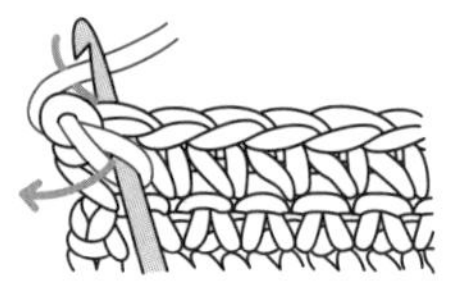

②在针上绕线引拔。

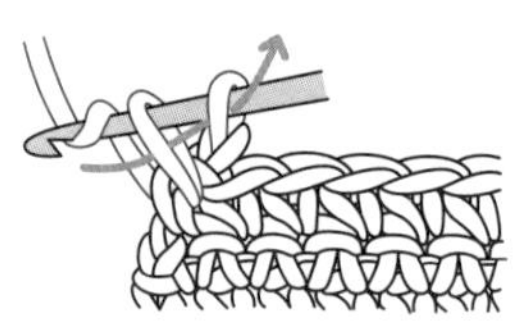

③和短针钩织同样的要领进行钩织。

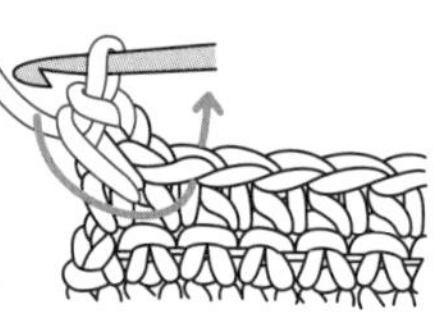

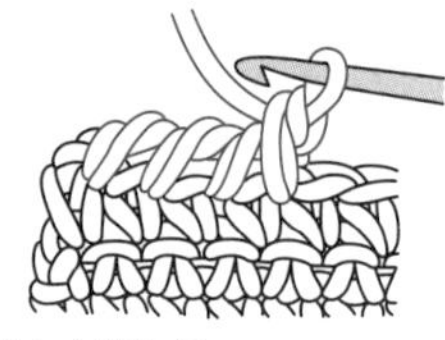

④ 重复步骤①~步骤③，从左侧向右侧钩织。

外钩短针

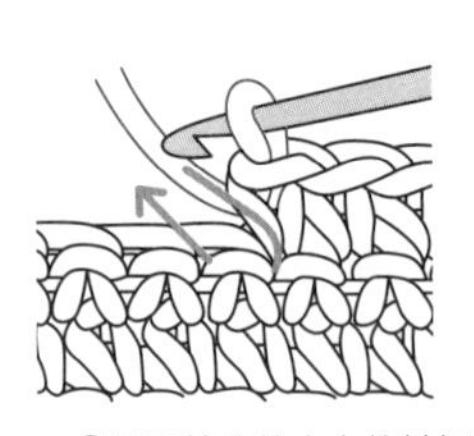

①按照箭头的方向将针插入，将前一行的针脚进行挑针。

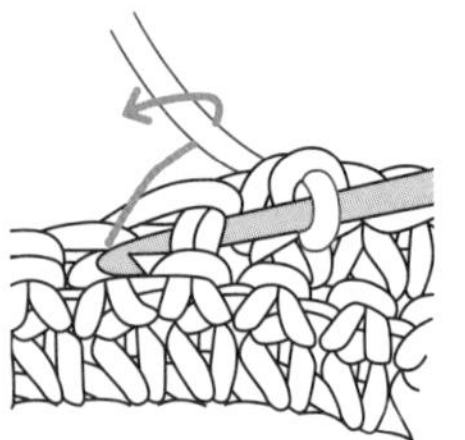

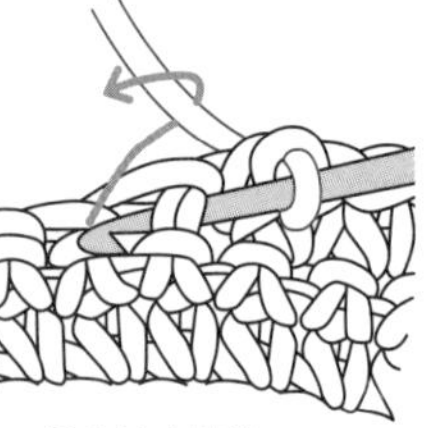

②在针上绕线。

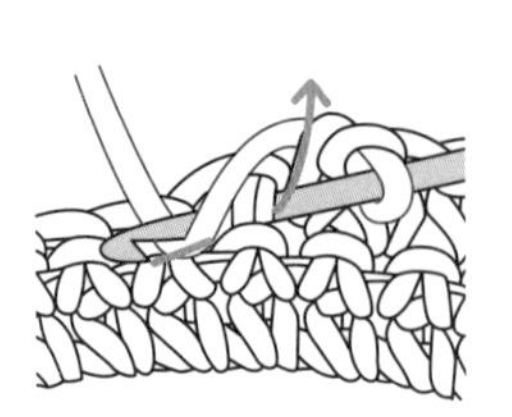

③引拔比短针钩织更长的线。

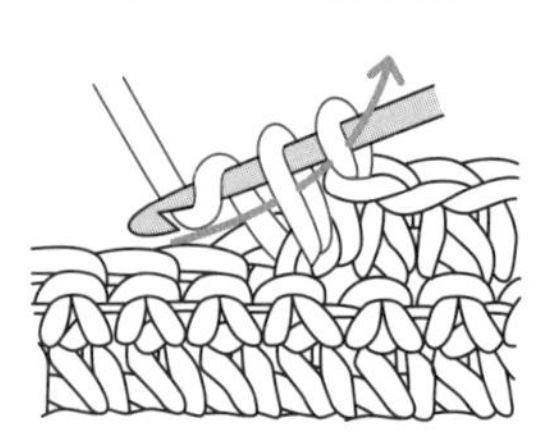

④从前一行头针的对面一侧（里侧）出来。

外钩长针

①在针上绕线，将前一行的针脚按照箭头的方向从正面挑针。

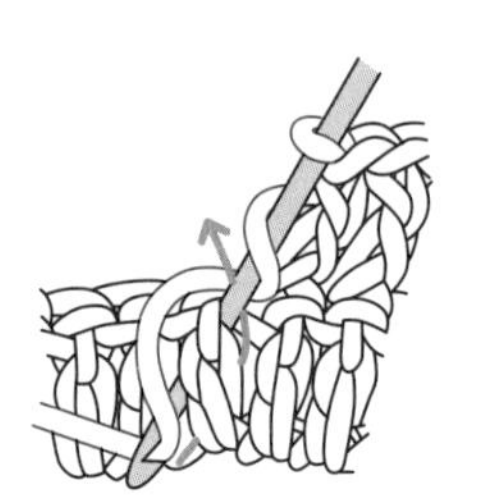

②在针上绕线，为了不会挂到前一行的针眼和旁边的针眼，引拔较长的线。

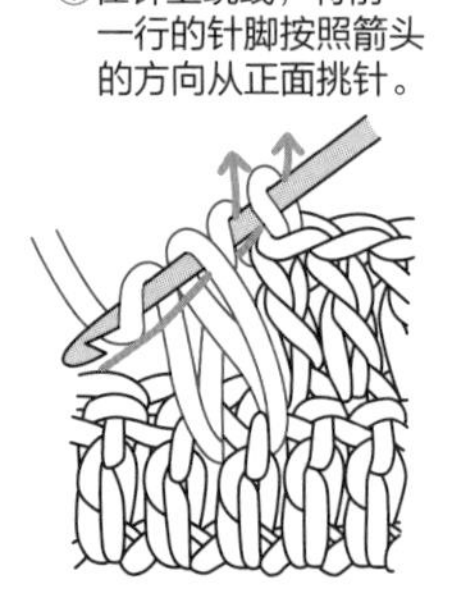

③使用和长针钩织同样的要点进行钩织。

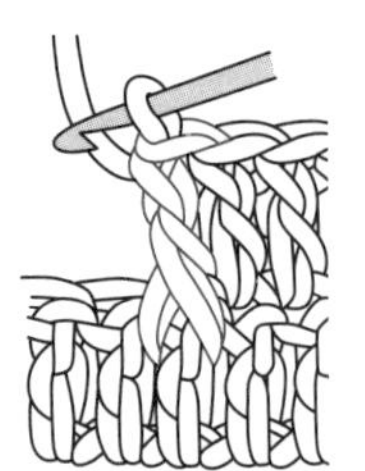

中长针3针的枣形针

①钩织未完成的中长针。（第1针）

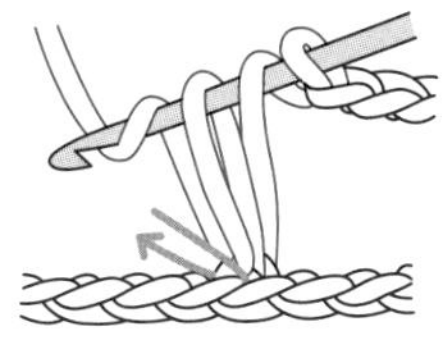

②同一针上钩织未完成的中长针（第2针）。

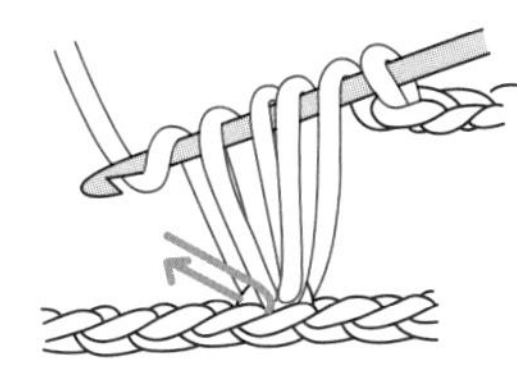

③使用同样的要点，注意不要让第1针、第2针拉出的线变短，钩织第3针。

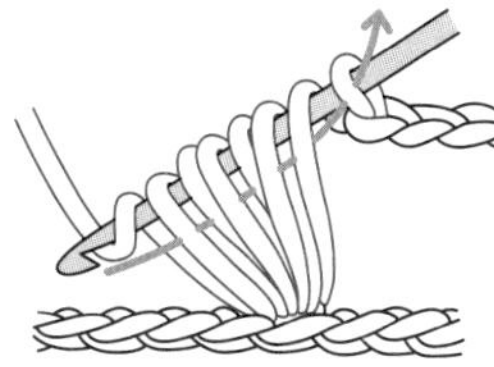

④在针上绕线，用左手压住环的根部，然后将环一起引拔钩织。

⑤枣形针的部分和头上锁针部分错开钩织。

长针3针的枣形针

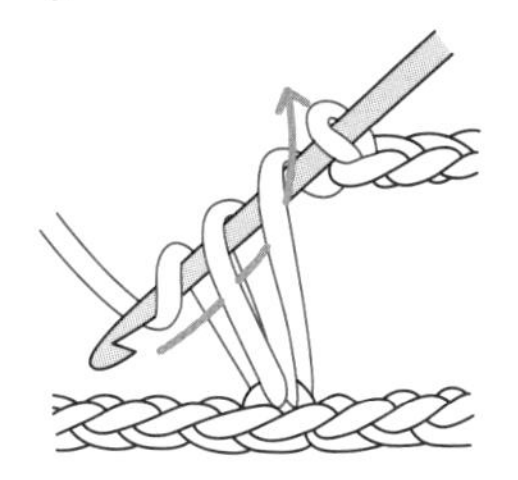

①钩织未完成的长针。（第1针）

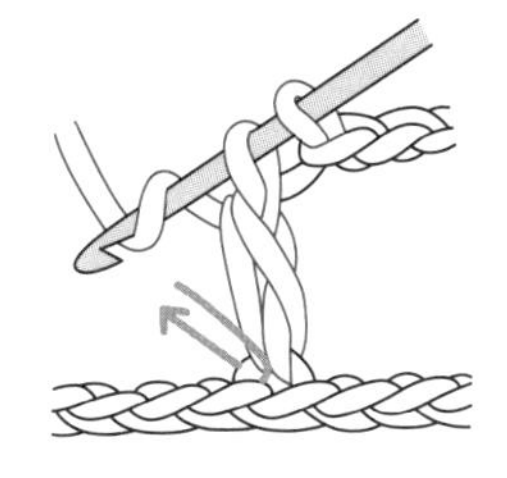

②在同一针上钩织未完成的长针（第2针）。

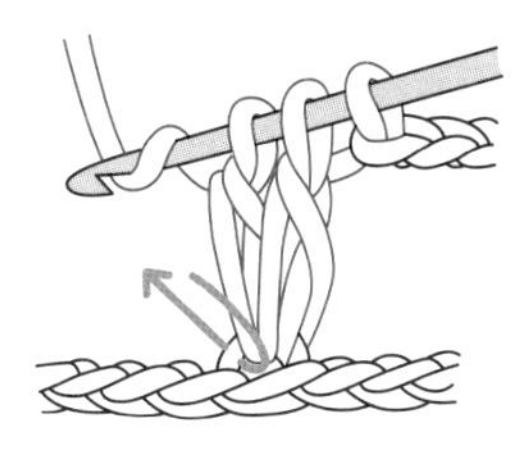

③第3针也使用同样的方法钩织。

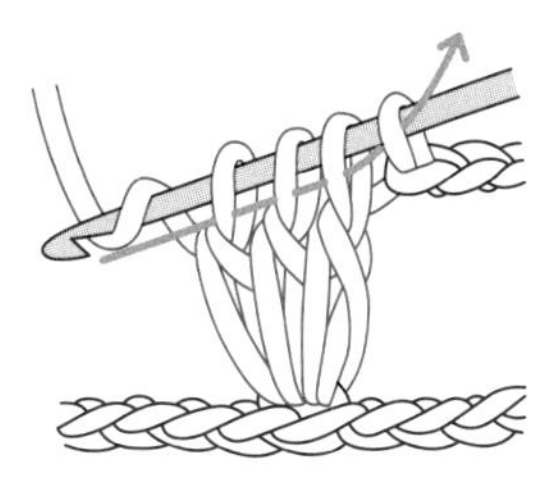

④在针上绕线，一起引拔钩织。

长针5针的爆米花针

①同一针钩入5针长针。

②将针从针眼（★）外取下，将针插入（左面）第1针的长针，再次穿过暂时放在一边的针眼（右面）引拔。

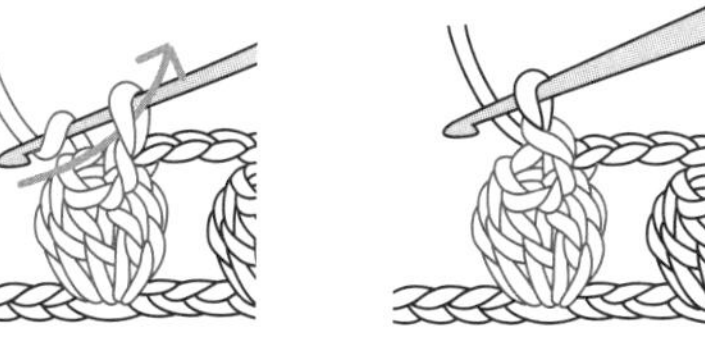

③钩织1针锁针，完成。

◆卷缝（全部针圈卷缝）

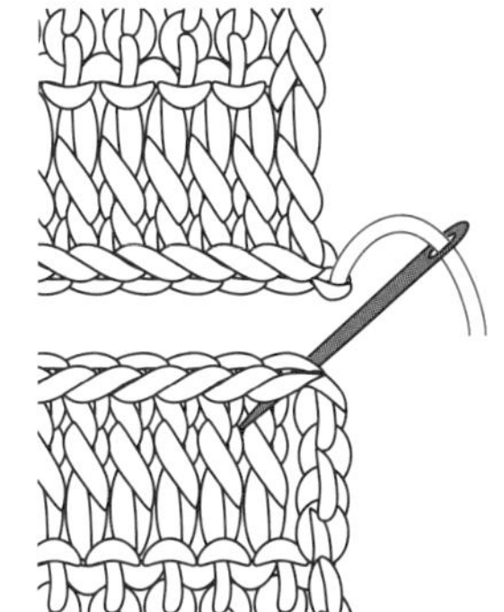

①将织物正面对到一起，将一边的针眼使用缝针进行挑针。

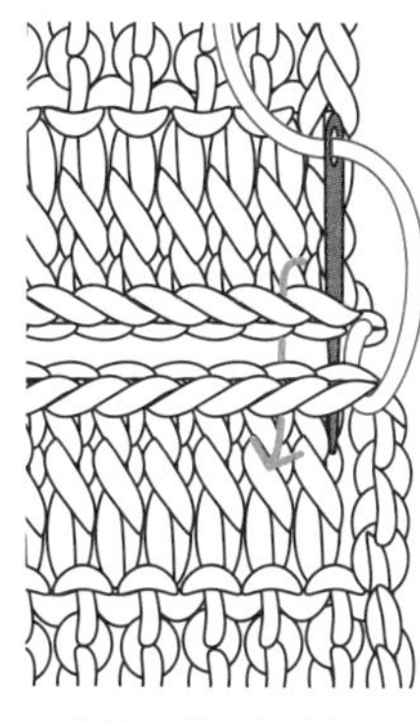

②将内侧全部的针眼交叉着挑针。

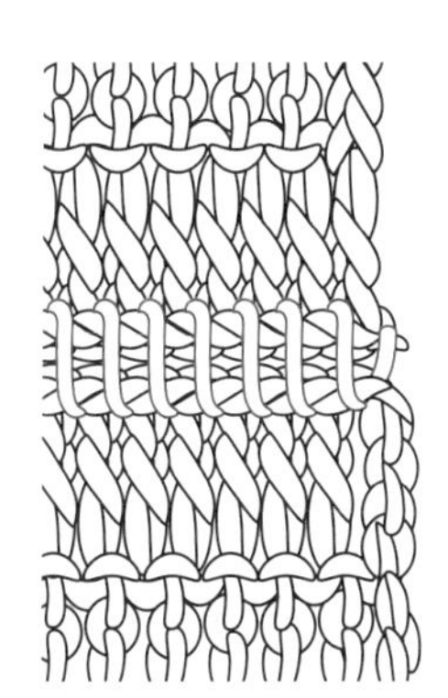

◆引拔缝合

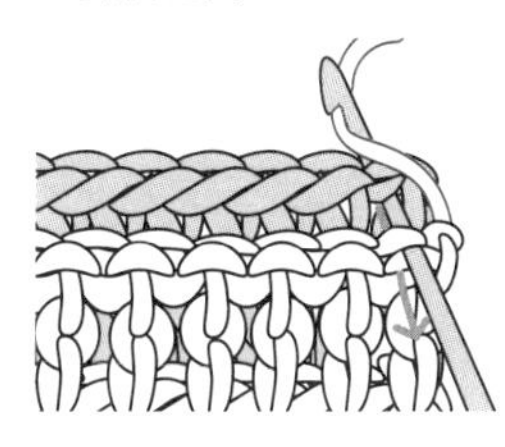

①将织物面冲里对到一起，然后将针插入一端的针眼中，将线引拔。

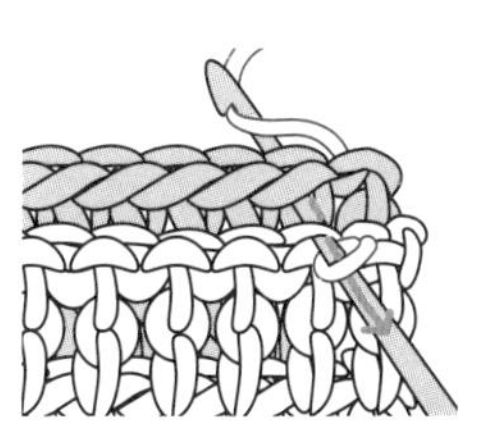

②将全部的针眼进行挑针，引拔钩织。

原文书名：CROCHET SLIPPERS & SANDALS
原作者名：X-Knowledge Co.,Ltd.

著作权合同登记号：图字：01-2017-5529

图书在版编目（CIP）数据

钩针编织的四季拖鞋、凉鞋／日本株式会社无限知识编著；周冬冬译. -- 北京：中国纺织出版社，2019.1
ISBN 978-7-5180-5615-6

Ⅰ. ①钩… Ⅱ. ①日… ②周… Ⅲ. ①凉鞋-钩针-编织-图集 ②拖鞋-钩织-编织-图集 Ⅳ. ①TS935.521-64

中国版本图书馆CIP数据核字（2018）第263949号

策划编辑：阚媛媛　　责任编辑：李　萍
责任印制：储志伟　　责任设计：培捷文化

中国纺织出版社出版发行
地址：北京市朝阳区百子湾东里A407号楼　邮政编码：100124
销售电话：010-67004422　传真：010-87155801
http: //www.c-textilep.com
E-mail: faxing@c-textilep.com
中国纺织出版社天猫旗舰店
官方微博http://weibo.com/2119887771
北京华联印刷有限公司印刷　各地新华书店经销
2019年1月第1版第1次印刷
开本：889×1194　1/16　印张：5.5
字数：66千字　定价：49.80元